Clauss Vanderborg

Das standesgemäß

Extra für OPEL-FAHRER

gemein – lustig – lebensnah

Illustriert von Oscar M. Barrientos

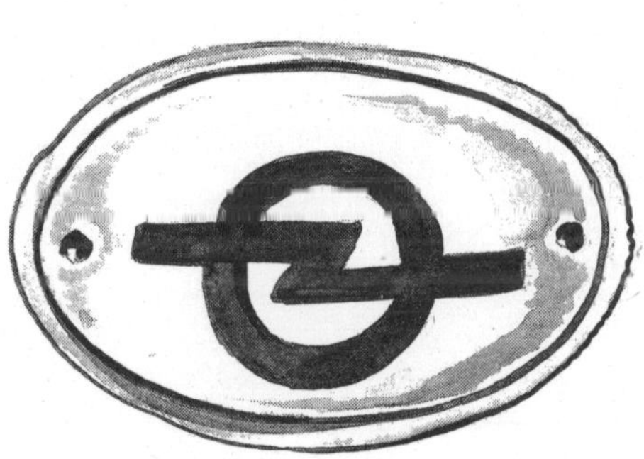

Eichborn Verlag

Mit besonderem Dank an Günther Kribbel für manche Anregung sowie an alle V.A.G.-Partner, die es mit Fassung tragen, daß in diesem Buch der Kadett frecherweise als der bessere Golf bezeichnet wird: Satire darf eben doch alles!

CIP-Titelaufnahme der Deutschen Bibliothek

Vanderborg, Clauss:
Das standesgemäße Extra für den Opel-Fahrer / Clauss Vanderborg. Ill. von Oscar M. Barrientos. – Frankfurt (Main) : Eichborn, 1989
ISBN 3-8218-2178-7

Umschlaggestaltung: Uwe Gruhle unter Verwendung einer Zeichnung von Oscar M. Barrientos.
Gesamtherstellung: Fuldaer Verlagsanstalt GmbH.
ISBN 3-8218-2178-7.
Verlagsverzeichnis schickt gern:
Eichborn Verlag, Sachsenhäuser Landwehrweg 293, D-6000 Frankfurt 70.

DAS STEHT DRIN:

WILLKOMMEN IM REICH DER MITTE

Wie keine andere deutsche Marke verkörpert Opel – die mit dem Blitz am Bug – automobilistische Mittelmäßigkeit. Opels Hut- und Hosenträger-Image ist mindestens so unverwüstlich wie die Autos, für die es steht, und jeder, der sich einen neuen oder gebrauchten Opel zulegt, kriegt eine gehörige Portion davon ab – Legenden leben lang.

Es ist schon ein Kreuz mit den Rüsselsheimern und ihren Autos: In keiner technischen Disziplin sind sie die besten (zumindest glaubt niemand, daß sie's sein könnten), aber auch nirgends die schlechtesten. In der Zulassungsstatistik plaziert sich die 1862 von Adam Opel als Nähmaschinenfabrik gegründete Firma regelmäßig vor Ford – etwa jedes achte neue Auto in der Bundesrepublik kommt von Opel –, aber mit derselben Regelmäßigkeit landen die Hessen auch immer einen Platz hinter ihrem Hauptkonkurrenten, der Volkswagen AG. Opel der Zuverlässige?

Ein Drei-Liter-Omega-Kombi fährt zwar schneller, ist besser ausgestattet und obendrein viel billiger als ein Mercedes-T, doch was Omega-Käufer einsparen, haben ihnen Mercedes-Kunden an »Geltungsnutzen«, wie man neudeutsch so schön sagt, voraus: Ein Mercedes verströmt selbst im Schrottzustand noch das Odeur von Erfolg und Reichtum. Ein Opel dagegen – vor allem, wenn er neu ist – mieft entsetzlich nach Rentenversicherung und Bausparvertrag, nicht?

Spricht Opel in der Werbung stolz von seinem Cray-Computer, der maßgeblich bei der Entwicklung des Vectra eine Rolle spielte, so kontert Nissan und stellt per Prospekt klar, daß sich ein japanischer Hersteller locker *zwei* Crays leisten kann, die sogar »über einen eigenen Satelliten miteinander verbunden« sind. Wenn dir einer erzählen will, daß Opel die Hochtechnologie für sich allein gepachtet hat – zeig ihm ein Lächeln!

Versucht Opel beim Katalysator-Hickhack ein Zeichen zu setzen und rüstet sämtliche Benziner serienmäßig mit einem geregelten Dreiwege-Kat aus, ja, werden für einige Modelle sogar noch die Preise gesenkt, winkt die Konkurrenz nur müde lächelnd ab: Bei BMW und Mercedes-Benz fiel die Entscheidung Pro-Kat natürlich schon viel, viel früher; VW verkündet mit an Arroganz grenzendem Selbstbewußtsein, man wolle die Kunden in der

Freiheit der Wahl zwischen Euronorm- und Kat-Fahrzeugen nicht beeinträchtigen, und bei Porsche basteln sie gar schon an der nächsten Kat-Generation, die alles auf diesem Sektor bisher Dagewesene in den Schatten stellen soll.

Berauscht sich der jugendliche Kadett GSI-Pilot auf der linken Spur der Autobahn mit bis zum Bodenblech niedergetretenem Gaspedal an seinem 16-Ventil-Einspritzmotor, von dem selbst Mercedes-Ingenieure mit Respekt sprechen, lichthupt ihm garantiert irgendein profaner 911er Porsche den automatisch verstellbaren Rückspiegel voll und meldet gnadenlos seinen gesetzlich verankerten Führungsanspruch an: Weg da, kleiner Popel-Opel, 220 km/h sind zwar schnell, aber nicht schnell genug! Es ist ein Jammer.

Oder doch nicht: In erster Linie ist ein jedes Auto nur ein Gebrauchsgegenstand, dem Marketing-Strategen ein mehr oder weniger ansprechendes Image verpassen. Was also steckt hinter dem – zugegeben – wenig ansprechenden Opel-Image?Warum ist der Kadett ewig Zweiter, der Manta der beste Pseudo-Sportwagen und der Omega das Auto, das Freundschaft schafft? Wer sind die knapp 500 000 Käufer, die sich trotz der bekannten Klischees alljährlich für einen Opel entscheiden, und welche Motive treiben sie zu solchen Verzweiflungstaten?

Die Antworten auf diese und viele andere ungestellte Fragen finden Opel-Fahrer und solche, die es werden wollen, in diesem *opelent* ausgestatteten Buch, ferner Auszüge aus der in weiten Teilen umgeschriebenen Opel-Geschichte sowie faire Vergleichstests von inkompetenter Seite. Mittelmaß hin oder her, niemand in der Bundesrepublik kann mehr auf Opel verzichten: Der Staat nicht auf den zweitgrößten Autohersteller, die Autotester nicht auf ihr schon fast klassisches Kadett-Gemäkel und alle ernsthaft vom Blitz Gestreiften nicht auf *Das standesgemäße Extra für Opel-Fahrer*, das die vielen Schwächen (und Stärken!) ihrer Marke gnadenlos aufs Korn nimmt. Gemein – lustig – lebensnah – dies ist eine Liebeserklärung der satirischen Art.

Herzlich willkommen im Reich der Mitte, und viel Spaß beim Lesen!

DIE OPEL – CHRONIK

1862

Adam Opel, Rüsselsheimer Schlossergeselle, fertigt im umfunktionierten Kuhstall seines Onkels »Nähmaschinen aller Art, nach der neuesten Construction, zu festen und billigen Preißen«. Doch schon bald sind es nicht nur die Preußen, die Opels Constructionen schätzen. Die muß der fleißige Existenzgründer vorerst noch mühsam per Ochsenwagen und Handkarren zur »werthen Kundschaft« expedieren. Das nervt! »Wenn ich amol Zeit hab'«, schmiedet der hessische Schlosser deshalb Pläne, »bastel' ich mer noch was Richtig's zum Fahren!« Dieser Vorsatz soll Folgen haben . . .

1868

Vorläufig bastelt Adam Opel lieber an seiner Dynastie. Zu diesem Zweck heiratet er die couragierte Fabrikantentochter Sophie Marie Scheller, und in den nächsten Jahren erblicken viele kleine Opels – alles strammme Burschen – die Welt: Modell »Carl« erscheint 1869, Modell »Wilhelm« 1871; es folgen die Ausführungen »Heinrich« (1873), »Friedrich« (1875) und »Ludwig« (1880). Für die Produktion eines sechsten Sohnes hat Adam Opel keine Zeit: »Laß mich zufrieden, Alde«, wimmelt er seine Gattin allabendlich ab, »ich muß noch was anderes basteln!«

1887

Damit seinen Nachkommen dereinst Ochsenwagen und Handkarren erspart bleiben, steigt der treusorgende Vater ins gerade aufblühende Fahrradgeschäft ein. Doch Papa Opel hat Pech: Gleich auf der ersten Ausfahrt mit einem englischen Hochrad fliegt er auf die Schnauze. Dieses Mißgeschick fordert deutsche Erfinderkunst heraus: Sie ersinnt das erste »Sicherheits-Niederrad«. Das ist Sicherheit mit Dividende: Fahrräder lassen sich gut verkaufen, und die lieben Sprößlinge erringen bis 1898 auf Opel-Fahrrädern Hunderte von Siegen. Nur daß sie sich dabei abstrampeln müssen, mißfällt Adam Opel: »Mensch, ich muß endlich was basteln!«

1895

Ehe es Opel sen. gelingt, eine selbstfahrende Synthese aus Nähmaschine und Fahrrad – die fahrende Nähmaschine, was sonst? – auf die Räder zu stellen, stirbt er an den Folgen einer Typhus-Infektion. Mutter tritt mit ihren fünf Söhnen das Erbe an: »Aber daß mer koiner zu basteln anfängt, gell?«

1899

Fritz und Wilhelm Opel hören auf die Ermahnung ihrer Mutter. Sie basteln nicht, sie lassen basteln – und beginnen mit dem Automobilbau. Ihr erstes Modell, der »Opel Patent-Motorwagen« mit 3,5 PS, hat System, genauer: Lutzmann-System. Denn es ist der unbekannte Dessauer Hofschlossermeister Friedrich Lutzmann, dessen Know-How die Opel-Wagen zum Rollen bringt. Rechtzeitig zu Silvester und Jahrhundertwende entsteht sogar eine Lieferwagenversion. Ja, der verstorbene Vater wäre stolz auf seine Nachfahren: Pkw und Lkw, beide schnurren wie Nähmaschinen.

1901

Endlich haben die Opel-Söhne erkannt, woran ihr Vater im Hobbykeller immer getüftelt hat: Das *Motorrad*, scheint es, wollte er erfinden. Das haben zwar inzwischen schon andere Bastler für ihn erledigt, doch hindert das die Brüder nicht, fortan auch Motorräder in die Produktion zu nehmen.

1907

Opel entdeckt das Tuning: In Sektlaune bestellt Herr Henkell einen Lastwagen in Flaschenform – und kriegt ihn prompt geliefert. Wochenlang ist die Belegschaft damit beschäftigt, den zu Testzwecken mit Champagner gefüllten Laderaum leerzuschlürfen.

1909

Mit dem »Doktorwagen« 4/8 PS hebt Opel die erste Großserien-S-Klasse aus der Taufe. Die Firmen-Reklame preist das neue Fahrzeug als das »Ideal für Ärzte, Tierärzte, Rechtsanwälte«. Und weil diese Berufsstände schon damals mit jeder Goldmark geizen mußten, ist der Preis sensationell niedrig: Nur 3950 Märker kostet das gute Stück.

1911

Feurio! Ein Großbrand zerstört einen Teil der Opel-Fabrik; die sich rasch ausbreitenden Flammen lassen sich mit Nähmaschinen nur unzureichend bekämpfen. Dieses Schlüsselerlebnis inspiriert die Gebrüder Opel zu einer weiteren Produktidee: »Was hilft bei Brand und großer Hitze? Klar: die OPEL-Feuerspritze!« Nach rund einer Million gefertigter Nähmaschinen wird die Produktion kurzerhand auf mobile Feuerwehren umgestellt.

1922

Die Inflation hält auch Opel im Würgegriff. Das sportliche Modell »Bootsheck«, 8/25 PS, kostet den Gegenwert von 97 Pfund Kartoffeln, umgerechnet 225 000 Mark. Doch wer in diesen Zeiten Kartoffeln im Kochtopf hat, verzichtet lieber aufs neue Auto – selber essen macht dicker. Per Notstandsverordnung erhält Opel die Erlaubnis, im eigenen Hause Geld für die Lohnzahlungen herzustellen. Nur wie Kartoffeln gemacht werden, sagt den Fabrikanten niemand.

1925

Nachdem Opel als erster deutscher Hersteller die arbeiterfreundliche Fließbandproduktion eingeführt hat, entsteht neben dem wegen seiner alternativgrünen Lackierung »Laubfrosch« (4/12 PS) genannten Erfolgsmodell der erste deutsche Fließband-Mittelklassewagen: der **Taunus**. Als Strafe fürs Abkupfern seiner revolutionären Produktionsideen schickt Henry Ford einige Mitarbeiter nach Rüsselsheim, die, angeblich auf der Suche nach neuen Produktnamen, die inzwischen geadelten Firmeninhaber tagelang mit Fragen nerven: »Waren Sie schon einmal in Granada? Auf Capri? Oder etwa in der Sierra?« Nach einer Fiesta im engsten Kreise werden die aufdringlichen Gäste zurück ins Land der unbegrenzten Höflichkeiten geschickt.

1929

In Detroit schmiedet General »GM« Motors Invasionspläne. Kaum hat sich der alte Haudegen die englische Autofirma Vauxhall einverleibt, bläst er auch schon zum Sturmangriff auf die Opel-Werke. Seine Aufklärer haben nämlich ausbaldowert, daß Firmenchef Wilhelm von Opel Sorgen ums liebe Kleingeld plagen. Nach dem Tode seiner Brüder Carl und Heinrich wird die Erbschaftssteuer gleich doppelt fällig, und mit der deutschen Wirtschaft steht es schlechter denn je. Willi streckt nur zu gern die Waffen: Im März zieht der General siegreich in Rüsselsheim ein – Opel den Amerikanern!

1930

Die Amis bringen nicht nur Dollars, sondern auch clevere Marketing-Ideen mit. Per Preisausschreiben fahnden sie nach einem zugkräftigen Namen für den neuen Opel-Lastwagen. Aus 1,5 Millionen Einsendungen wird schließlich der Name »Blitz« ausgewählt und zum Markenzeichen erkoren. Daß mit Hilfe des »Blitz« am Ende des Jahrzehnts Blitz-Krieg geführt werden wird, ahnen allenfalls jene, die sich beim Buchhändler ein preisreduziertes Mangelexemplar von »Mein Kampf« besorgt und gelesen haben.

1936

Der General führt Opel von Triumph zu Triumph, macht die Firma zum größten Autohersteller Europas und zum größten Exporteur: Opel, Opel über alles. Ein neues Modell erscheint, es heißt Kadett (weil der General ursprünglich ja zur U.S.-Marine wollte). Die hundertprozentige Herrschaft der Amerikaner im Hause Opel hindert den Gefreiten Hitler nicht, beim General Dreitonner-Lastwagen vom Typ S(tandard) für seine Wehrmacht zu ordern. Opel-Räder müssen rollen für den Sieg (den freilich die Alliierten erringen werden).

1938

Selbst Mercedes fahren wird irgendwann langweilig: Als Geschenk des Hauses annektiert der »Führer« großmütig den 500 000sten Opel – ein »Admiral«-Cabriolet –, der seit seiner Machtergreifung gebaut worden ist. Weil seine braunen Kollegen bei der Übergabe gar so neidisch dreinsehen, spendiert Opel dem Diplomatischen Corps zum »Reichsparteitag« im gleichen Jahr eine Flotte schwarzer »Admiral«-Cabrios in Gröfaz-Ausführung. Diese gutgemeinte Geste verärgert jedoch den »Führer«. Einmal Opel und nie wieder: »Auf Ihrr Sonderrmodell Opel »Führrerr GT« werrde ich verrzichten!«

1944

General Motors knirscht mit den Zähnen: Die viermotorigen Bombenflugzeuge, die er – kriegsbedingt – statt Autos in Detroit herstellt, laden ihre todbringende Fracht auch über seinen Opel-Werken in Brandenburg und Rüsselsheim ab. Dort werden ebenfalls schon lange keine Autos mehr gebaut. Dafür so blitzkriegswichtige Dinge wie Fahrgestelle, Tanks und Kanzeln für die Flugzeuge der Deutschen Luftwaffe, außerdem Teile für Raketen und Torpedos »aller Art, nach der neuesten Construction, zu festen und billigen Preißen«.

1945

Aus der Krieg, und Aus für den Kadett, dessen Produktionsstraßen komplett demontiert und als Reparationsleistung in die Sowjetunion gebracht werden. Aus dem Kadett wird der »Moskwitsch 400« (DDR-Jargon: »Rostquietsch«). Über seine knallharte Starrachse ärgern sich die kreuzbraven Sowjet-Menschen derart, daß es schon bald zum Kalten Krieg kommt. Doch der General und seine imperialistisch-kapitalistischen Boys haben den Krieg ja nicht für Sergej, Wassilji und Iwan gewonnen. So wird alles darangesetzt, um die Produktion der deutschen GM-Tochter bald wieder in Gang zu bringen.

1946

Dank der ausgezeichneten Verbindungen des Generals zur amerikanischen Militärregierung rollt knapp 15 Monate nach der deutschen Kapitulation der erste Nachkriegs-Opel, ein Lkw, vom Band. Wieder ist es der »Blitz«, der für Transportaufgaben herhalten muß: Bis zu 1,5 Tonnen Bombentrümmer kann man mit ihm durch die zerstörten deutschen Städte karren.Der General traut den zukünftigen Bundesbürgern nicht über den Weg. Bis zum Jahre 1982 rekrutieren sich die Bosse bei Opel ausschließlich aus Amerikanern. Dazu erfindet er, lange bevor es die Grünen gibt, das Rotationssystem: Jeder GM-Manager, der etwas auf sich hält, muß mal deutscher Opel-Chef gewesen sein. Und es gibt viele GM-Manager, die etwas auf sich halten.

1956

Nicht nur der Bundesdeutsche, auch Opel ist wieder wer. Vom firmeneigenen Wirtschaftswunder zeugt nicht zuletzt der zweimillionste Kapitän, der am 9. November vom Band läuft. Und vor lauter Freude, daß die Krauts der GM-Zentrale endlich wieder Gewinne überweisen können, läßt der General Zierleisten und Stoßstangen des Fahrzeugs mit echtem Gold beschichten.

1962

Vom Midas-Spielen ist noch etwas Gold übriggeblieben, also wird in Bochum, lange bevor Herbert Grönemeyer im hiesigen Schulchor durch permanentes Falschsingen auffällt, für eine Milliarde Mark ein neues Werk für ein neues Auto hingeklotzt: Der Kadett, Opels Antwort auf den VW Käfer, feiert Wiederauferstehung. Kaum ist das erste Exemplar vom Fließband gerollt, veranstaltet die Autopresse ihre gewohnt akribischen und an modernsten wissenschaftlichen Erkenntnissen ausgerichteten Vergleichstests. Das Ergebnis bringt viele Käfer-Fahrer zum Verzweifeln, denn angeblich passen in einen '62er Käfer weniger Bierkästen als in einen Kadett des gleichen Baujahrs. Dafür ist der Kadett um 95 Mark teurer, und diese Ersparnis investieren skeptische Käfer-Käufer in zahlreiche Kisten Bölkstoff, um Versuche am eigenen Objekt durchzuführen.

1964

Der General, in Ehren ergraut, kabelt scharfe Rüge über den Teich: »Was soll ik in eine smalle Kadett als official Dienstwagen? Baue Sie mik gefalligst eine American-style car!« Die Opel-Konstrukteure tun, wie ihnen geheißen: Kapitän, Admiral und Diplomat V8 sehen aus wie amerikanische Straßenkreuzer, fahren sich auch so und kosten auch soviel.

1968

Kurz vor seinem geplanten Abschied aus dem aktiven Dienst gerät General Motors in eine Identitätskrise – jetzt ist es ein Sportcoupé, das ihm die Rüsselsheimer Ingenieure aufs Band legen sollen. So amerikanisch wie möglich, möglichst amerikanisch! Als Vorlage schickt Detroit ein Bild der Corvette, die wiederum bei der GM-Filiale Chevrolet gebaut wird. Kein Wunder, daß der unerhört fortschrittliche Opel GT mit seinen unerhört fortschrittlichen Klappscheinwerfern der Corvette unerhört ähnlich sieht.

1969

Die Neuauflage von Kapitän/Admiral/Diplomat begeistert die gesamte Fachpresse. Trotzdem schreit sich Janis Joplin in Woodstock die Lunge aus dem Leib, der Herrgott möge ihr doch, bitteschön, einen »Mörsides-Bänz« schenken. Wo doch alle ihre Freunde Porsche, aber nicht Opel fahren . . .

1970

Henry Ford II. hat in seiner Entwicklungsabteilung einen recht cleveren Italo-Amerikaner sitzen. Dieser Mr. Lee Iacocca, wie er heißt, gibt sein O. k. für die Produktion eines sportwagenähnlichen Gebildes, das Ford-Deutschland unter dem Namen Capri auf den Markt bringt. Weil alle Freunde des Liedes vom Capri-Fischer das Auto zum Song bestellen, sinnt Opel auf ein Gegenstück – der Manta entsteht. Das Lied zum Auto blieben die Rüsselsheimer allerdings bis heute schuldig.

1972

Opel ist der größte deutsche Autohersteller und liegt mit einem Marktanteil von über 20 Prozent deutlich vor der Wolfsburger Volkswagen AG, deren Käfer seit einiger Zeit gar nicht mehr so recht läuft und läuft und läuft.

1974

Die Ölkrise sorgt auf leergefegten Autobahnen für freie Fahrt für freie Bürger – vorausgesetzt, man ist Radler. Die Opel-Produktion geht um ein Drittel zurück. Schon glaubt der General, die rettende Idee zu haben: »Back to the Fahrrad!« heißt seine Devise. Daß Opel schon seit 1937 keine Fahrräder mehr baut, hat der alte Herr glatt übersehen.

1979

Opel führt in den Werkstätten ein aus dem Flugzeugbau stammendes Klebeverfahren für Karosseriereparaturen ein. Künftig soll jedes beschädigte Opel-

Fahrzeug beim freundlichen Opel-Händler mit einer Tube Uhu wieder instand gesetzt werden können.

1982

Die Bewährungs-Reform im Opel-Management beginnt mit Ferdinand Beickler, dem ersten deutschen Opel-Boss seit Kriegsende. Viel Freude hat der General an der Neubesetzung nicht: Auch Beickler kann nicht verhindern, daß Opel in den nächsten Jahren fast eine Milliarde Miese macht. Der General drüben in den Staaten fürchtet ernsthaft um seine Pension. Soll denn von deutschem Boden nie mehr Gewinn ausgehen?

1983

Ford hat den Fiesta, VW den Polo – und Opel? Nichts dergleichen! Zackzack entsteht der Corsa, Opels Kleinstwagen. Gebaut wird er im spanischen Saragossa, wo sich der General eben für zwei Milliarden Mark einen Alterssitz gebaut hat. Oder war's doch ein neues GM-Werk?

1986

Der General denkt immer noch nicht ans Ausscheiden aus dem aktiven Dienst. Stattdessen beauftragt er Daniel Düsentrieb, Roboter für das neue Rüsselsheimer Werk K 130 zu bauen, wo ab August der Rekord-Nachfolger Omega produziert wird. Vom Start weg mangelt es dem Omega zwar nicht an guter Presse, aber ganz entscheidend an Verarbeitungsqualität. Grund: Die Roboter kommen mit den Menschen, die im K 130 werkeln, nicht zurecht. Düsentrieb wird gefeuert, Horst W. Herke als neuer Opel-Boß geheuert.

1988

Die große Hoffnung in der Mittelklasse, der Nachfolger des Ascona, geht in Serie. Immer wieder hat der General die Konstrukteure – besserwisserisch, wie er ist – vom Computer weggescheucht. Sein ewig nörgelndes, amerikanisch gefärbtes »Weg da!« wird zum geflügelten Wort und Produktnamen: Vectra heißt der Neue.

1989

Die gute alte GM-Tradition, den Stuhl des Opel-Chefs nur mit waschechten Amerikanern zu besetzen, wird nach kurzem Intermezzo mit Louis R. Hughes fortgesetzt. Der sorgt gleich zu Beginn seiner Amtszeit für Aufsehen. Nicht, weil er die gesamte (Benziner-)Fahrzeugpalette ab sofort serienmäßig mit einem geregelten Dreiwege-Katalysator ausrüsten läßt, wodurch die bislang nur freundlichen Opel-Händler über Nacht zu *umwelt*freundlichen Opel-Händlern avancieren. Nein, es ist eine andere Geste, die auffällt: Zum ersten Mal, zum allerersten Mal in der Geschichte des Hauses Opel ist es ein Vorstandsvorsitzender, der sich anläßlich einer Ehrung bei den Jubilaren der Firma für jahrzehntelange Mitarbeit bedankt. Sowas ist nicht einmal den beiden deutschen Opel-Bossen eingefallen – Perestroika bei der GM-Tochter?

2012

Bundeskanzler Björn Engholm (getunter Omega 560 SEC) und Bundespräsident Joschka Fischer (restauriertes Opel »Sicherheits-Niederrad«) reisen zum 200. Firmenjubiläum der Adam Opel AG nach Rüsselsheim, ebenso die amerikanischen Direktoren der GM-Tochterunternehmen Volkswagen und Daimler-Benz AG. General Motors, nun schon weit über hundert, überreicht dem Kadett H (die 8. Generation) vor vollzählig angetretener Mannschaft endlich sein Leutnantspatent. Als dem General beim anschließenden Festbankett eine Hosennaht reißt und ihm niemand mit Nadel und Faden Erste Hilfe zu leisten vermag, verkündet der alte Herr eine folgenschwere Entscheidung: »Ik werde für uns alle etwas basteln!«

Der erste Opel mit eingebauter Nähmaschine entsteht.

WAS SIND DAS FÜR LEUTE, DIE SICH EINEN OPEL KAUFEN?

Sage mir, was du fährst, und ich sage dir, wer du bist: Wer einen dicken Mercedes bewegt, hat's im Leben anscheinend zu was gebracht; wer Halter eines schweren BMWs ist, nicht minder, hält aber zudem viel auf Sport und trimmt sich gern mit rhythmischer Lichthupen-Gymnastik fit; und wer gar im flitzigen Porsche Turbo Hatz auf Mercedesse und BMWs* macht, ist sicher beides im Überfluß: vermögend *und* sportlich, dazu dynamisch & schnell – stimmt das?

Nein. Alles Klischees von gestern. Im Zeitalter von Leasing und Vollfinanzierung vom fahrbaren Untersatz auf die wirtschaftliche und gesellschaftliche Stellung seines Besitzers zu schließen, führt leicht zu einem Trugschluß. Tatsache ist, daß viele Mercedes-, BMW- und Porsche-Fahrer sich den Luxus leisten, nur so zu tun, als ob sie sich diese Autos leisten könnten (auch gewisse Ferrari- und sonstige Sport-de-Luxe-Fahrer dürfen sich angesprochen fühlen), während die meisten Kompakt- bis Mittelklasse-Fahrer durchaus nicht arm wie Kirchenmäuse oder unsportlich wie Winston Churchill sind, nur weil sie sich in weniger teuren Fahrzeugen fortbewegen.

Opel-Kunden haben Geld und sind sportlich.

Über Zweifel an ihrer Finanzkraft oder ihrem Sinn für Sportlichkeit sind die meisten Opel-Kunden erhaben. Wer 50 000 Mark für einen sportlich verspoilerten Omega 3000 aufbringen kann, bekäme fürs gleiche Geld auch einen S-Klasse-Mercedes oder einen Fünfer-BMW – gebraucht zwar, aber immerhin. (Omega-Käufer aller Coleur werden daher auch nicht müde, jedem, der ihnen zu ihrer Wahl kondoliert, zu erklären, man hätte sich sehr wohl auch einen feinen Stuttgarter oder Münchener leisten können, habe sich jedoch aus diesem und jenem Grunde anders entschieden: Bescheidenheit ist eine Zier.)

---

* Kollege Achim Schwarze hat den Plural dieser Marken in den standesgemäßen Extras für Mercedes- bzw. BMW-Fahrer bereits schlüssig nachgewiesen.

Opel-Kunden sind kultiviert.

Warum aber ausgerechnet Opel, warum keine ausländische Marke? Bauen etwa die Japaner keine guten Autos? Nun, zunächst einmal ist im Automobilbau deutsche Wertarbeit immer noch Trumpf. Ex-Bundeswirtschaftminister Martin Bangemann bemerkte einmal sehr treffend: »Ein kultivierter Mensch kann eigentlich nur ein Auto aus deutscher Produktion fahren.« (300 SE-Fahrer Bangemann meinte freilich nur ein bestimmtes deutsches Auto.)

Opel ist deutsch, durch und durch, auch wenn das Unternehmen schon seit 1929 zu 100 Prozent dem amerikanischen Konzern General Motors gehört. Deutsche Produktionskultur transferiert Opel übrigens seit einigen Jahren auch ins Ausland, von wo sie in Form neuer Autos ins Land zurückkehrt: Der Manta, zum Beispiel, wurde in Antwerpen, Belgien, gebaut; der Corsa wird auch in Zukunft ausschließlich in Saragossa, Spanien, vom Band laufen; und demnächst dürfen sich auch die Türken der Zuverlässigkeit des dort in Lizenz aufgelegten Opel Kadett freuen.

Opel-Kunden haben eine Überzeugung.

Daß für viele Autokäufer von den sieben bundesdeutschen Automobilherstellern ausschließlich der Blitz in Frage kommt, hat seine Gründe. »Jeder Popel fährt 'nen Opel«, hieß es noch in den fünfziger Jahren. Vorbei: Die Popels unserer Tage sind längst um- bzw. abgestiegen. Nur wegen des etwas anderen Images kaufen Krethi und Plethi statt eines preisgünstigen Opel lieber einen 190er oder einen 3er, von dem ja die BMW-Werbung ziemlich vage behauptet, er habe »etwas vom Zwölfzylinder« (der Siebener-Reihe). Nur, »etwas«, wieviel ist das: ein wenig, ein bißchen, fast gar nichts?

Opel-Fahrzeuge dagegen haben wesentlich mehr als nur »etwas« zu bieten, sogar eine ganze Menge, und zwar von all den Errungenschaften deutscher Kultur, die der überwiegenden Mehrheit unseres Volkes so sehr ans Herz gewachsen sind. Opel, das ist auch Kassler mit Sauerkraut, »Wetten, daß...?« und »Musikantenstadl«; Opel, das ist Roger Wittaker, sind die Fischer-Chöre, Schwarzwälder Kirsch und Jacob's Krönung – wunderbar!

Ein Opel besteht nicht nur aus viel Blech und noch mehr Kunststoff. Jeder Opel repräsentiert eine Weltanschauung, eine Überzeugung!

Opel-Kunden sind Individualisten.

Eingefleischte Opel-Kunden haben keine Lust, sich mit den Handicaps der sechs anderen deutschen Hersteller herumzuschlagen:

Porsche – die Zuffenhausener haben sich in der Vergangenheit als unfähig erwiesen, einen brauchbaren Sport-Caravan oder eine sportliche Stufenheck-Limousine herauszubringen.

Mercedes – haben die Schwaben in technischer Hinsicht nicht furchtbar viel aufzuholen?

BMW – als Auto nicht übel, aber die Händler leiden mittlerweile unheilbar an Größenwahn. Oder warum sonst grinsen sie immer so unverschämt-mitleidig, wenn man mit einem gebrauchten Opel auf den Hof gefahren kommt und sich nach einem Angebot für eine eventuelle Inzahlungnahme erkundigt?

Ford – ist das nicht der Hersteller mit diesem antiquierten Hut- und Hosenträger-Image?

Audi – ebenfalls indiskutabel, denn Allrad-Antrieb ist im Vectra mindestens so gut, aber viel billiger.

Und *Volkswagen*? Wie steht's mit *Volkswagen*?

Ausgeschlossen. Bei *den* Stückzahlen, die in Wolfsburg gefertigt werden, kann von Individualität nicht mehr die Rede sein. Beweis: Allein im 1. Quartal 1989 wurde der deutsche Markt mit 73 016 neuen Golf überschwemmt, während im gleichen Zeitraum nur 53 260 handverlesene Kadett-Käufer beliefert wurden. Das bedeutet rund 37 Prozent weniger Uniformität, 37 Prozent mehr Unverwechselbarkeit sowie eine um 37 Prozent geringere Wahrscheinlichkeit, einem baugleichen Fahrzeug zu begegnen. Damit steht, zumindest was die untere Mittelklasse angeht, eindeutig fest: Opel baut die exklusiveren Volkswagen.

Opel-Kunden sind treu

Selbst wenn Karin Tietze eines Samstagabends sechs Richtige im Lotto verkündet, ist das für einen echten Opel-Fahrer kein Grund, auszuflippen und die Marke zu wechseln. Allenfalls wird sich Papi zehn Jahre früher als geplant auf den Weg zum freundlichen Opel-Händler machen und im Interesse seiner sechsköpfigen Familie vom doch sehr kompakten Corsa auf eine etwas geräumigere Limousine umsteigen – der Kadett soll ja stolze 60 cm länger und auch viel sportlicher sein. Und wenn Fortuna einem schon mal einen ganzen Airbag voll Geld zum Verjuxen beschert, darf man ruhig einmal über die Stränge schlagen.

Opel-Fahrer denken sozial.

Am anderen Ende der Opel-Modellpalette das wenig gefragte Luxusgeschöpf Senator zu wissen, hat für jeden Normalsterblichen und Opel-Kunden etwas Beruhigendes: Weil die Senator-Preisliste bereits bei 72 000 Mark (inklusive sämtlicher lieferbarer Extras) definitiv zu Ende ist, zwingt Opel alle Großmannssüchtigen, ihren Mammon anderswo zu verpulvern: Zum Angeben und Eindruckschinden ist der Senator trotz seines unorthodoxen Bienenwaben-Kühlergrills wahrlich nicht geeignet. Großverdiener und Erben bedeutender Vermögen müssen Rüsselsheim also auch in Zukunft großräumig umfahren. Geschieht ihnen recht!

Damit beweist Opel Sinn für soziale Gerechtigkeit und bleibt weiterhin Hauslieferant der Arbeiterklasse. Hier darf man sein neues Auto noch ganz auf die altmodische Art erwerben: Bar und mit selbstverdientem Geld. Und sollte der eine oder andere Geldschein den Geruch frischen Schweißes verströmen, kann das auf den freundlichen Opel-Vorstand allenfalls anregend wirken: Noch ist nämlich nicht entschieden, mit welcher Duftnote den Kosmetikserien von Ferrari, Rolls Royce und Porsche Konkurrenz gemacht werden soll.

Opel-Fahrer verstehen es, ihre Gefühle im Zaum zu halten.

Himmelhoch jauchzend, zu Tode betrübt? Doch nicht bei einem Opel. Ganz ohne jeden Temperamentsausbruch sucht man sich (s)einen Opel aus; kauft, fährt, pflegt und besitzt ihn einige Jahre, bis das gute Stück weiterverkauft wird und irgendwann auf der Halde endet. Das ist alles. Kein Mensch kriegt Herzklopfen oder verrenkt sich den Hals, wenn er einen Opel sieht (obwohl nicht wenige Opel-Besitzer alles tunen, um diesen Effekt zu erzielen).

Emotionslosigkeit im Umgang mit Autos steht nicht nur bei uns, sondern europaweit hoch im Kurs. Schließlich haben die Deutschen im allgemeinen und Opel im besonderen Mittelmaß und Mittelstand nicht für sich allein gepachtet: 1987 war Opel das meistgekaufte Fabrikat in Belgien, Dänemark, den Niederlanden und in der Schweiz.In Großbritannien werden Opel-Fahrzeuge von der GM-Tochtergesellschaft Vauxhall vertrieben, rechtsgesteuert und unter englischem Pseudonym: Omega alias »Carlton«, Vectra alias »Cavalier«, Kadett alias »Astra Belmont«, Corsa alias »Nova« (with courtesy by Lada). Nur der Senator heißt auch auf der nebligen Insel so (und verkauft sich dort auch nicht viel besser als hierzulande).

Opel-Fahrer halten nicht viel von Gleichberechtigung.

Schon im Prospekt zeigt Opel, daß nach Auffassung der Firma Frauen auf der rechten Seite eines Autos besser aufgehoben sind als auf der linken. Wenn überhaupt Frau am Steuer, dann bitte nur in einem kleinen Corsa oder im auch nicht gerade üppig motorisierten Kadett-Cabrio. Um solch kompakte Autos vorwärts in eine Parklücke zu schrammen, braucht frau nichts im Kopf, pardon: im Zylinder-Kopf, zu haben: Hochmoderne Motortechnik mit 16 Ventilen und mehr ist nur etwas für Männer, die gelernt haben, mit so viel Potenz richtig umzugehen.

Aber zum Glück verdienen Frauen immer noch deutlich weniger als Männer, so daß sie – und auch die Opel-Marketingabteilung – erst gar nicht auf die Idee kommen, Zielgruppe für größere Autos zu sein. Deshalb ein gutgemeinter Rat an alle motorbegeisterten Damen: Bescheiden Sie sich mit wenigen Kubikzentimetern oder heiraten Sie, zum Beispiel einen gestandenen Opel-Fahrer – es könnte sonst der Kosmetikspiegel in der Sonnenblende eines Corsa sein, in dem Sie Ihre ersten Fältchen entdecken.

Übrigens: Opels Abneigung gegen übertriebene Emanzipation drückt sich auch in den Mitarbeiterzahlen aus. Nur 8 Prozent der rund 56 000 Opel-Mitarbeiter sind Frauen, die überwiegend in der Verwaltung tätig sind. Offensichtlich kann Mann beim zweitgrößten Autohersteller in der Bundesrepublik auf Frauen in maßgeblichen Positionen verzichten: Wo selbst die Autos im Computer zur Welt kommen, wird frau noch lange auf einen weiblichen Vorstandsvorsitzenden warten müssen.

Wir lernen: Menschen, die sich einen Opel kaufen, sind beneidenswerte Menschen. Sie sind kultivierte Individualisten, treu, sozial, sportlich, haben Geld und sogar eine Überzeugung, und sie können mit ihren Gefühlen und mit neumodischem Kleckerkram wie Emanzipation umgehen. Ihr einziger Nachteil ist vielleicht, daß sie sich ein bißchen, aber nur ein bißchen, zuviel Sorgen um das Image ihrer Marke machen – ob es auch sportlich genug ist?

IMAGE UM JEDEN PREIS: OPEL, STEFFI UND SPORT

Sportlichkeit gehört zu den wichtigsten Eigenschaften, die ein Auto heutzutage haben muß, um beim Publikum anzukommen. Sportlichkeit, was Design, Fahrleistung und Image angeht, versprechen zwar viele Hersteller, doch nur wenige sind tatsächlich in der Lage, dieses Versprechen auch zu halten. Zu diesen wenigen zählt zweifellos die Adam Opel AG. Ist nicht jeder Opel ausgesprochen sportlich, angefangen vom Winzling Corsa über den Vectra-Allradler bis hinauf zum Flaggschiff Senator? Leider reklamieren auch gewisse Mitbewerber sportliche Attraktivität für ihre Fahrzeuge; nicht selten zu Unrecht, wie sich bei genauerer Betrachtung zeigt.

Stichwort Design, Beispiel Porsche: Obgleich teurer als fünf höchst sportliche Corsa GSI zusammen, vermißt man am 911er seit jeher »Front- und Heckspoiler in Wagenfarbe mit rotem Zierstreifen«, desgleichen »sportliche Radabdeckungen« und »Sportsitze mit speziellem Design« (wie sie der Corsa GSI serienmäßig mitbringt). Kein Wunder, daß der Absatz des Zuffenhausener Möchtegern-Sportwagens 1989 um fast 50 Prozent zurückging: Wirklich sportive Fahrer werden in Zukunft wohl eher ins ultimativ gestylte Cockpit eines Autos aus Rüsselsheim klettern.

Stichwort Fahrleistung, Beispiel Mercedes: Kleben die Stuttgarter doch glatt einen riesigen Heckflügel auf einen rund 90 000 Mark teuren 190 E, schaffen durch hohe Radausschnitte Platz für 16 Zoll schmale Reifen und riskieren eine – angeblich die Fahrleistung verbessernde – große Spoiler-Lippe. Viel Gedöns um wenig Leistung: Gerade 195 PS fördert der schmalbrüstige Vierzylinder aus seinen 2496 Kubikzentimetern. Kräftig getunt wurde lediglich der Name des Pseudo-Sportlers: »2.5-16 Evolution« nennt sich die ach-so-sportliche Ausführung des in seiner Urform so eleganten »Baby-Benz«, die aussieht, als hätten sich die unbegabtesten Azubis des Tuner-Handwerks einen Aprilscherz erlaubt. König Kunde senkt zu Recht den Daumen: 15 Prozent Auftragsrückgang (1989) ist die Quittung für soviel Geschmacklosigkeit.

Anders dagegen Opel. Wenn dort ans Aufpowern einer braven Familienlimousine gegangen wird, dann aber richtig. Der Lotus Omega, sportliches Spitzenmodell der Omega-Reihe, ist der beste Beweis dafür. Dank seines

OPEL AS !!

kraftstrotzenden Biturbo-Sechszylinders stehen satte 360 PS zur Verfügung, dringt sein digitalisierter Tacho in Regionen vor, die noch nie ein Opel-Fahrer zuvor gesehen hat. Und im Gegensatz zum schlappen Evolution-Benz läßt sich der Heckspoiler des Lotus Omega genauso bedienen wie seine Außenspiegel, die Verstellung der Echtledersitze oder das Schiebedach: elektrisch. Kurzum: der Lotus Omega ist ein echter Sportler! Den schenkt die Familie ihrem Papi zum Vatertag. (Als Zielgruppe für das mit 100 000 Mark doch recht preiswerte Auto stellt man sich in Rüsselshem typische Opel-Kunden vor, also sehr gutsituierte Arbeiter und Angestellte.)

Stichwort Image, Beispiel BMW: Durch den Erfolg ihrer Fünfer- und Siebener-Reihe reich geworden, könnten es sich die Münchener eigentlich leisten, hilfsbedürftigen Fußballclubs am Ort – wie etwa dem FC Bayern – ein wenig unter die Arme zu greifen. Doch als die Bayernspieler BMW wieder einmal um eine Finanzspritze angingen, übten die Manager der Weltmarke Zurückhaltung in ihrer geizigsten Form: Die Übernahme einer Sponsorenschaft war ihnen schlicht zu teuer. Welch ein Glück für die wackeren Fußballer, daß just im Augenblick größter Not – der Computerhersteller Commodore hatte seine Verträge mit dem Club gerade vorzeitig aufgelöst – Opel einsprang und sich generös erbot, für drei Jahre Mäzenatentum 14 Millionen Mark hinzublättern – eine Million weniger, als die Firma 1986 für die Sponsorschaft der Fußball-WM in Mexiko ausgab. Pfui, Ihr Knauser bei BMW! Wo doch jeder in der Branche weiß, daß eine solche Verbindung auch dem Sponsor gewichtige Vorteile bringt: So hat sich Opel, um nur ein Beispiel zu nennen, das Recht gesichert, die idealistischen Bayern-Kicker kostenlos mit Kadetts und Omegas auszustatten, um sicherzustellen, daß die Mannschaft stets pünktlich zu den Spielen erscheint. Und sollte der Verein eines Tages entdecken,daß zwölf Spieler auf dem Rasen doch mehr Chancen haben als elf, darf Bayern-Boß Uli Hoeneß gewiß auch in diesem Punkt auf die Großzügigkeit der Rüsselsheimer hoffen. Die kaufen dem Verein dann eben noch einen Spitzenspieler dazu. Damit nicht genug. Bei Opel macht man sich seit Jahren einen Sport daraus, »dynamische Ballsportarten zu fördern«.

So tragen bereits der VfL Bochum (Fußball), der MTV Gießen (Basketball) und der TV Großwallstadt (Handball) das nicht minder dynamische Blitz-Emblem auf ihren Trikots.

Wer Opel und Sport sagt, muß auch Steffi Graf sagen. Damit die Weltranglistenerste im Damen-Tennis es sich erlauben kann, ein wenig von ihrer kostbaren Zeit für Opel-Belange abzuzwacken, greift die Konzernmutter General Motors tief in die Kasse. Ein paar Sätze von Steffi, mal gesprochen auf dem Bildschirm, mal gespielt auf dem Center-Court, sind GM allemal eine Million pro Jahr wert.

Freilich muß Steffi noch so einiges andere mehr tun, als nur die begnadete Vorhand zum Kassieren aufzuhalten. Etwa Vater Peter beknien, den ihm ohne Berechnung überlassenen Omega 3000 gefälligst auch zu fahren (sie selbst scheucht ein Freiexemplar des Kadett GSI durch die Brühler Gegend), oder sie muß zu Werbezwecken auf der Motorhaube des nach ihr benannten Corsa-Sondermodells »Steffi Special« posieren, wobei sie ihren linken Arm anmutig in die Luft zu strecken und zu lächeln hat, was sicher nicht einfach ist. Schließlich wollen auch ihre Adidas-beschuhten Beine korrekt übereinandergeschlagen sowie das Racket in ihrer Rechten exakt im 95-Grad-Winkel gehalten sein.

Aber all diese Mühen nimmt Steffi, immer freundlich und immer guter Dinge, gerne auf sich. Weiß sie doch, daß der Spezial-Corsa – für nur 14 890 Mark ist er bei jedem freundlichen Opel-Händler zu haben – über so sportliche Ausstattungsdetails wie »Sonderlack, spezielle Sitzbezüge, 2. Außenspiegel, Colorglas, heizb. Heckscheibe sowie Rad.-Cass.« verfügt. Sportlicher geht's nimmer!

Mag sein, daß sich manche Opel-Kunden an den hohen Summen stören, die ihre Marke zur Förderung sympathischer Sportler/innen aufwendet. Doch rechnen Sie selbst nach: Wenn nur 940,22 Fuß-, Hand- und Basketball- oder Tennisspieler zum »Steffi Special« Corsa greifen – ich bin überzeugt, mindestens so viele werden es tun – hätte sich etwa das 14 Millionen-Engagement beim FC Bayern schon gelohnt.

Außerdem bleibt Opel ja gar keine andere Wahl, als sein Image drastisch zu verändern. Auf den Sport zu setzen ist allemal klüger, als dem alten Hut- und Hosenträger-Image treu zu bleiben und mit dem gleichen Geld prominente Fans von Hüten (z. B. Elton John) oder Hosenträgern (z. B. Thomas Gottschalk) zu unterstützen. Was sollten die beiden Jaguar-Fahrer auch mit den rund 250.000 Hüten bzw. Paar Hosenträgern anfangen, die man mit 14 Millionen Mark kaufen könnte?

OPEL KADETT

»WOB« gegen »GG«: Was hat der Golf, was der Kadett nicht hat?

Daß der Kadett bei den Verkaufszahlen dem Golf ewig hinterherfährt, hat Opel sich selbst zuzuschreiben. Nicht, daß der Kadett ein schlechtes Auto wäre, ganz bestimmt nicht. Aber er unterscheidet sich eben in einigen Dingen, auf die es ankommt, von seinem Widersacher: »WOB« ist »GG« immer eine Wagenlänge voraus.

Der Golf hat den höheren Preis.

Seit es den Kadett gibt, hat Opel es nicht gewagt, ihn teurer als das Gegenstück von VW (anfangs war das der Käfer, später der Golf) anzubieten. Vielleicht, so denkt man in Rüsselsheim, gibt's Geizhälse genug, die wegen der paar hundert Mark Preisunterschied lieber zu Opel statt zu VW laufen. Für 21 855 Mark gibt es bei VW einen ordentlich ausgestatteten 70-PS-Golf, der alles hat, was man zum Autofahren braucht: vier Räder, Motor, Getriebe, Lenkrad. Opel dagegen packt für nur zwei Hundertmarkscheine weniger dem Kadett CS eine Menge Überflüssiges hinein: ABS, Fünfganggetriebe, Sportsitze, Kopfstützen hinten und eine Sitzhöhenverstellung. Ein krasser Fall von Wettbewerbsverzerrung! Denn was würde der Kadett ohne all diesen Schnickschnack kosten? Opel behält dieses Geheimnis für sich.

Die Mehrzahl der deutschen Autofahrer, scheint es, wünscht soviel serienmäßig aufgezwungenen Komfort gar nicht. Dieses Volk hat magere Zeiten durchgemacht und will daran auch noch heute, in den fetten Zeiten, erinnert werden, auch und gerade beim Autokauf. Vernünftige deutsche Autokäufer lassen sich von Ausstattungsriesen wie dem Kadett CS nicht blenden. Sie kaufen sich ihre Extras lieber extra, auch wenn sie teures Geld kosten, was soll's! Sage keiner, man könne sich kein gut ausgestattetes neues Auto leisten – 1 Punkt für den Golf.

Der Golf hat das bessere Design (weil nicht vorhanden).

Ewig Zweite kommen leicht auf fixe Ideen,so auch Opel. Um einmal, ein einziges Mal vor VW zu liegen, legten sich die Opel-Designer schwer ins Zeug. Hier noch ein bißchen, da noch ein bißchen ... Ziel: weniger Widerstand dem Luftwiderstand. Auch bei der gegenwärtigen Kadett-Generation gaben sich die Konstrukteure viel Mühe. Zwar besagt eine alte Designer-Regel: Form follows function, aber muß sie ihr, im Falle eines Kompaktwagens, wirklich so dicht folgen?

Obwohl von den Abmessungen ebenfalls als kompaktes Auto gedacht, sollte sich die Kadett-Karosserie schon auf den ersten Blick deutlich von anderen Mitbewerbern abheben: Eine extrem windschlüpfrige Form, ganz ohne Schnörkel, aber mit sanften Rundungen, die die Hand zum zärtlichen Drüberstreicheln einladen, das ist das Ergebnis von derart eitlem Ehrgeiz.

Und der Golf? Wieder hatte Volkswagen den besseren Riecher: Ein Kompaktwagen braucht nur kompakt, aber nicht schön zu sein. Beim Golf folgt die Form noch der Funktion, und wie! Von vorneherein wurde beim Golf auf jegliches Design verzichtet; stattdessen warfen die Niedersachsen zackige Linien wie Karateschläge aufs Zeichenbrett. Der Erfolg gibt VW und dem Golf recht: 73 016 Kampfsportanhänger stießen im ersten Quartal 1989 ein zustimmendes »Huah!« aus, liefen zum – freundlichen? – V.A.G.-Partner und bekamen je einen fabrikneuen Golf, festgezurrt mit dem schwarzen Gürtel – Wolfsburg: one point, Rüsselsheim: no point.

Der Golf hat die bessere Werbung.

An die Werbe-Prosa der VW-Prospekte reicht allenfalls noch Mercedes-Benz heran. Wie VW beim Golf nicht vorhandene Vorzüge ins rechte Licht rückt, sucht seinesgleichen:

»Was sagen Sie zu den Sitzstoffen?« wird, beispielsweise, der Golf-Interessent an einer Stelle gefragt. Auf die Antwort braucht nicht lange gewartet zu werden – die gibt VW selbst: »Geschmackvoll, nicht wahr? Den hochwertigen Melange-Diagonal-Velours gibt es in drei Farben, damit Ihr Golf auch optisch genau zu Ihnen paßt.« (Toll: VW weiß ganz genau, welchen Teint der jeweilige Kunde hat!)

Wie fad dagegen die Beschreibung der Opel-Sportsitze (im CS): »Stoffe und Türverkleidungen im GT-Design.« Aus, basta! Friß, kauf oder stirb. Das soll Werbung sein?

Im Golf fühlt sich der Kunde um**sorgt**: Die Umschäumung des Lenkrads »**sorgt** für festen und damit sicheren Griff«; »für gutes Klima **sorgt** das aufwendige Heizungs- und Belüftungssystem«; »vier Ausströmer in der Armaturentafel **sorgen** dafür, daß Sie die Heiz- und Frischluftzufuhr individuell einstellen können« und ähnliches mehr.

Opel wiederum: Sprüche, Sprüche, Sprüche. Wie jenen: »Den Kadett macht uns so schnell keiner nach.« (Braucht's auch nicht: VW baut seinen eigenen Golf.) Oder: »Der Kadett macht vielen was vor.« (Tut der Kadett etwa nur so, als sei er ein zuverlässiges Auto,beschwindelt er seine Käufer? Ganz schlimmes Eigentor!) Und schließlich: »Der Kadett ist von innen heraus großzügig.« (Damit kann auch keiner was anfangen, »von innen heraus« – warum nicht »von außen hinein«?)

Die Golf-Werbung ist der Kadett-Werbung also überlegen. Bei VW sülzen sie zwar auch, was das Zeug hält, aber wesentlich selbstbewußter als bei Opel: Wer Cannes, der Cannes. Wieder 1 Punkt für den Golf.

Die Golf-Macher haben die besseren Argumente.

Stichwort Umweltbewußtsein: Im April 1989 überraschte Opel die gesamte Autowelt mit einer senationellen Nachricht. Sozusagen über Nacht wurden sämtliche Benziner von Opel – natürlich auch der Kadett – nur noch mit geregeltem Katalysator angeboten. Kat-lose Motoren, die lediglich der laschen Euronorm genügen, fielen ab sofort weg.

Da konnten die Volkswagen-Manager nur fassungslos die Köpfe schütteln: Wie kann der zweitgrößte Autohersteller in der Bundesrepublik nur so blöd sein, sich das tolle Zusatzgeschäft mit dem – wie bei VW – aufpreispflichtigen Abgasreiniger kaputt zu machen? Natürlich sollen die Kunden ihren Kat haben, aber nur als Extra, bitteschön, nämlich dann, wenn nach Colorverglasung, elektrischer Antenne und handgeschmiedeten Alufelgen noch Geld für solche Scherze übrig ist. Ein ungeregelter Kat ist allemal besser als gar kein Kat. Umweltpolitik à la VW – da weiß man, warum man größter Autohersteller im Lande ist!

Dann die lächerliche Opel-Umwelt-Eskapade in Sachen Fahrzeuglackierungen: Wozu Autos wie den Kadett mit wasserlöslichen, also sogenannten »umweltfreundlichen« Lacken lackieren, wo doch schon der Katalysator für eine spürbare Reduzierung der Schadstoffe sorgt? Man kann es mit dem Umweltschutz auch übertreiben. Opel tut es.

Bei VW aber setzt man auf Mäßigung und verläßt sich auch in nächster

Zeit auf bewährte Materialien. Das bißchen Cadmium im Lack bringt doch keinen um. Fehlte nur, daß Opel vor lauter Umwelt-Profilneurose als erster deutscher Mittelklassewagen-Hersteller auch noch serienmäßig einen Innenraum-Luftfilter in seine Autos einbauen würde (wie Saab). Die grün eingefärbten Opel-Manager würden sicher dreist behaupten, autofahrende Menschen hätten ebenso ein Recht auf saubere Luft wie Motoren, für die entsprechende Filtereinsätze schon seit Jahrzehnten gang und gäbe sind). Angesichts derart übersteigerten Umweltbewußtseins geht Opel erneut leer aus: Noch 1 Punkt zugunsten des Golf.

Fazit: Souverän schlägt der Golf den Kadett in den Kategorien Preis, Design, Werbung und Argumentation. Der Golf hat einen vernünftigeren Preis, die maßvollere Ausstattung, die bessere Werbung und einen in Sachen Umweltsch(m)utz weniger hysterischen Hersteller. Dahinter steckt eben die Philosophie eines großen Unternehmens, das auch heute noch stellvertretend für das bundesdeutsche Wirtschaftswunder steht. Und daß sich das auch in den nächsten Jahren nicht ändert, daran arbeitet Volkswagen schon heute: Auch der Golf III – er wird ungefähr ein Jahr nach dem neuen Kadett auf den Markt kommen – bleibt ein echter Golf. Versprochen ist versprochen.

Kadett zu Golf, Opel zu Volkswagen – diese beiden werden sich wohl auch in Zukunft zueinander verhalten wie Jacobs zu Tchibo, Pepsi zu Coca Cola, Wendy's zu MacDonald's, Ariel zu Persil, »Praxis Bülowbogen« zu »Schwarzwaldklinik« oder – har, har! – BMW zu Mercedes.

48 Wege zur Glückseligkeit: Welcher Kadett für wen?

Auch wenn's auf den ersten Blick anders aussieht: Kadett ist nicht gleich Kadett. Für ihr millionenfach gebautes Volumenmodell – mehr als die Hälfte aller pro Jahr gebauten Opel sind Kadett – schufen die Rüsselsheimer in knapp 30jähriger Produktionszeit einen ganzen Kosmos von Modellversionen, gemäß der Devise: Wer vielen etwas bietet, wird allen etwas bringen.

Den Kadett liefert Opel als viertürige Stufenheck- und als drei- oder fünftürige Fließheck-Limousine, außerdem als drei- bzw. fünftürigen Caravan*. Bei den Limousinen stehen jeweils fünf,beim Caravan drei Ausstattungsvarianten zur Verfügung, die wiederum mit vier (Caravan: drei) unterschiedlich starken Benzinern und einem Diesel motorisiert werden können. Blicken Sie noch durch? Fein, denn Sie müssen sich ja auch noch für eine der 14 Normal-, Brillant-, Zweischicht-Metallic und Zweischicht-Mineral-Effekt-Lakkierungen entscheiden, und Sie wünschen sich bestimmt auch das eine oder andere der insgesamt 33 Extras, die »aus einem Kadett Ihren ganz persönlichen Kadett machen«. Tja, Opel-Kunden sind anspruchsvolle Kunden! Mit vier, fünf Basisversionen – wie bei Jaguar – geben sie sich nicht zufrieden.

Zum einen will der eigene Spieltrieb befriedigt sein, zum anderen ist ein ausführliches Studium der Kadett-Prospekte und -Preislisten immer noch besser, als überhaupt nichts studiert zu haben.

Der Kadett für die ganze Familie

Die Kadett-Hierarchie beginnt mit der **LS**-Ausführung.Diese zwei Buchstaben stehen nicht etwa für »**L**ow **S**tandard«, oh nein! Sie bedeuten vielmehr »**L**uxuriös und **S**chnell«, oder auch »**L**eicht und **S**portlich« – so wie der Kadett eben ist. Beim Mercedes SL, auch kein übler Sportwagen, wurden diese Buchstaben einfach umgedreht: SL = »**S**portlich und **L**eicht«. Mit dem kleinen Unterschied, daß Mercedes-Leichtgesinnte schon für den billigsten SL gut fünfmal soviel bezahlen müssen, wie für einen feinen Kadett LS zu berappen ist.

Gänzlich falsch wäre es, anzunehmen, Opel gäbe seinem Einsteigermodell aus Kostengründen nur eine spartanische Grundausstattung mit auf den Weg. Das Gegenteil ist der Fall, wie eine Gegenüberstellung Kadett LS/Ferrari F 40 beweist: Die Karosserie des Kadett LS ist aus robustem Stahlblech gefertigt. Die hält was aus! Dagegen ist die des Ferrari vollständig aus Kunst-

* »Auto-Bild«, der Eigenwerbung zufolge »Deutschlands größtes Auto-Magazin, behauptete einmal, der Begriff »Caravan« stamme aus dem Persischen (»Karawane«). Da sind die »Bild«-Leute einer Fata Morgana aufgesessen: Tatsächlich handelt es sich dabei um die amerikanische Bezeichnung für einen Spezialtyp aus »Car and Van« (Auto und Lieferwagen in einem).

stoff – wenn der mal Feuer fängt, kann sein Besitzer zusehen, wie sein Auto dahinschmilzt: Murks-Karre!

Die Innenseiten der Kadett-Türen sind mit eleganten grauen Verkleidungen versehen – beim F 40 sind die Türen innen nackt und haben noch nicht mal Griffe, sondern, man glaubt es kaum, ordinäre *Seilzüge*, jawohl: Seilzüge! Auch in punkto Sicherheit hapert's bei dem sündhaft teuren Italiener gewaltig: Während man sich im Kadett beim geringsten Tritt aufs Bremspedal der Unterstützung durch einen kräfteschonenden Bremskraftverstärkers gewiß sein kann,benötigt der Lenker eines Ferrari zum Verzögern muskulös ausgebildete Waden: Stramme 40 Kilo (daher die Typenbezeichnung F 40) sind hier ohne jede Servohilfe in Richtung Bodenblech zu drücken!

Angesichts dieser und anderer Nachteile muß man sich wirklich fragen, woher Ferrari den Mut nimmt, für sein Plastikauto 25mal soviel wie für den Kadett LS, nämlich 444 000 Mark zu verlangen. *So* wird es Ferrari nie gelingen, dem Kadett seinen bewährten zweiten Platz in der Zulassungsstatistik streitig zu machen. Außerdem: Ist ein Familienauto mit 478 PS nicht ein wenig übermotorisiert?

Doch zurück zu den Vorzügen des Kadett »Leicht-Sportlich«. Dank seines durchzugsstarken 1,4-Liter-Triebwerkes, dessen sattes Drehmoment von 96 Newtonmeter bereits bei 3400 Touren anliegt, ist der LS ein echter Asphaltbrenner. Um soviel Power schonend in Vortrieb umzusetzen, steht für Schonkaffee-Trinker als Option auch ein 5-Gang-Schongetriebe (nur 515 Mark) zur Verfügung. (Böse Zungen behaupten, dieses Getriebe käme von Eduscho. Lüge: Es handelt sich um eine Gemeinschaftsentwicklung von Jacobs und Tchibo!) Ideale Ergänzung dieser Schaltbox ist das 385 Mark billige »Funktionspaket«. Es enthält viele aufwendige Spielereien wie Quarzuhr, Zigarettenanzünder sowie Beleuchtung von Handschuhfach, Motor- und Kofferraum. Die Luxusorgie schlechthin! Stoßfänger und Seitenschutzleisten mit silberfarbenem Zierstreifen rundum gehören indes noch zur umfangreichen Serienausstattung, desgleichen Tageskilometerzähler und Benzinvorratsanzeige.

Klar, daß soviel sportive Anmutung und Komfort Jahr für Jahr viele zehntausend Käufer zu diesem und keinem anderen Kadett greifen lassen. Der LS ist eben der Universal-Kadett.Wer ihn besitzt, schließt eine Allianz fürs Leben: Angefangen vom sportiven Dreitürer (solange Clauss und Julia noch unverheiratet sind) über den praktischen Fließheck (wenn Cläusschen und Julchen dazukommen) bis hin zum opalesken viertürigen Stufenheck (sobald die Blagen aus dem Haus sind) – einmal Kadett LS, immer Kadett LS, und immer ist's der gleiche brave 60-PS-Vierzylinder, mit dem man all die

Jahre hindurch Höhen und Tiefen des bürgerlichen Lebens gemeinsam durchfährt. (Farbtip: Das quer durch die Nation beliebte Opel-Einheits-Nordicblau.)

Übrigens: Auch Herrenfahrer schätzen den Kadett LS – bevorzugt in der Stufenheck-Ausgabe. Vielleicht, weil seine überaus sportlichen Fahrleistungen gerade im hohen Alter wie ein Jungbrunnen wirken und ahnen lassen, daß es doch ein Leben vor dem Tode gibt. (Der freundliche Opel-Lackierermeister empfiehlt hier die Töne Altweiß und Sargschwarz.)

Der Kadett für die Hausfrau

Die nächste Stufe im Kadett-Programm bildet der **CS**, **C**omfort und **S**icherheit. Freundlich, wie bei Opel nicht nur die Händler (und Lackierermeister!) sind, ließen die Kadett-Konstrukteure der Konkurrenz – namentlich der Volkswagen AG – bereitwillig den Vortritt, als es um die Einführung von ABS in die Kompaktklasse ging. Interne Tests hatten nämlich ergeben, daß eingefleischte Kadett-Fahrer viel lieber aufs Gas als auf die Bremse drücken. So konnte sich Opel erst zwei Jahre nach VW durchringen, auch im Kadett ein Antiblockiersystem anzubieten. Der CS hat es nun serienmäßig, und für nur 1 900 Mark ist es auch in allen übrigen Kadett-Spielarten zu haben.

Der Mehraufwand von 1 785 Mark gegenüber dem LS ist eine kluge Investition. Denn neben mehr Sicherheit wird auch noch mehr Komfort geboten: Da gibt es, beispielsweise, eine Intervallschaltung für den Heckscheibenwischer (noch nicht einmal bei Mercedes-Limousinen erhältlich), eine Quarzuhr (beim Cabrio-Klassiker Alfa-Spider 1.6 nicht erhältlich) sowie Opel-Sportsitze im zeitlos-klassischen, kleinkarierten Spültuch-Design (bei VW nicht erhältlich). Die Summe seiner Qualitäten macht den Kadett CS zum idealen Gefährt für die Hausfrau. Was könnte schöner sein für Mutti, als ihren häuslichen Wisch- und Waschpflichten intervallweise nachzukommen; zwischendurch mal auf die Quarzuhr gucken, wann endlich in *ihrem* ZDF »Mona Lisa« beginnt, und sich nach getaner Hausarbeit in die gemütlichen Opel-Sportsitze zu fläzen und schnurstracks zum Friseur oder zum Kaffee-Kränzchen zu eilen; so sicher und so komfortabel, wie frau sich es nur wünschen kann?

Daß (nicht nur) im Kadett CS die Sicht nach vorne und hinten zu wünschen übrig läßt,weil zugunsten des niedrigen Luftwiderstandbeiwertes die Karosserieflächen mehr windkanal- als fahrerfreundlich geformt wurden, darf nur mit Einschränkungen als Nachteil gewertet werden. Eventuell durch diesen Umstand verursachte Parkierschäden belasten den Etat aufgrund der bekannt niedrigen Opel-Ersatzteilpreise nur in geringem Maße.

Überhaupt, Angehörige des weiblichen Geschlechts sind nicht fürs Autofahren gemacht – das suggerieren jedenfalls die Kadett-Prospekte. Stets zeigen die Fotos darin derart viele junge und modisch gekleidete Damen – im Auto plaziert sie der Fotograf nie woanders als auf dem Beifahrersitz –, daß man als unbedarfter Betrachter geneigt ist, die Ladies eher für Schwestern denn für Mütter der ebenfalls zahlreich abgebildeten Kinder zu halten. Oder auch nur für ewig freundlich lächelnde Opel-Statistinnen: Hier vor dem halbgeöffneten Kofferraum eines Stufenheck-Kadett, dort als leichtgeschürzte Blondine neben dem Swimming-Pool; einmal als blauer Engel mit wehendem Schleier vor rotem GT, ein andermal, klunkernbehängt, inmitten einer Schar von Alufelgen, Zusatzscheinwerfern und Autoradios.

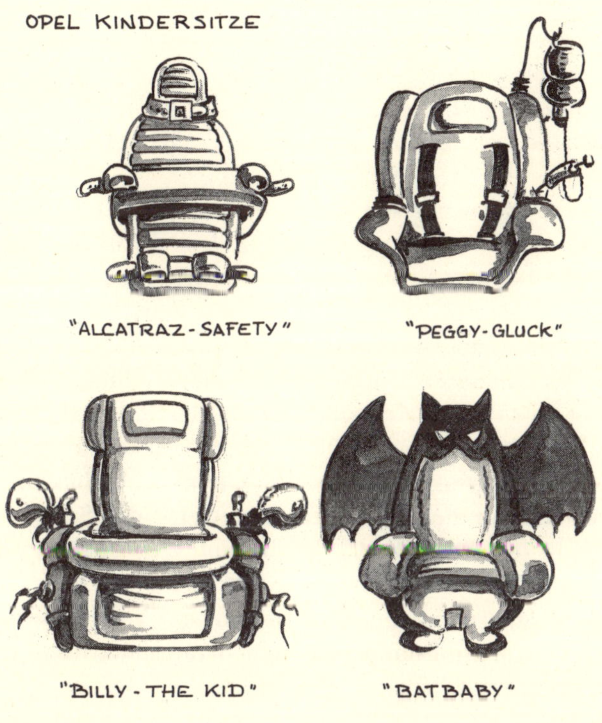

Pseudo-Lebensgefährtin, -Gattin, -Gespielin oder Luxusweib – in Opel-Prospekten darf eine Frau scheinbar alles mögliche sein, nur keine Opel-Fahrerin: It's a man's world! (Einzige Ausnahme bilden Fotos vom Kadett-Cabrio, und auch da nur, weil Frauen für dieses Auto die Hauptkundschaft bilden. Richtige Männer fahren richtige Oben-ohne-Autos.)

Frau und Opel, Objekt und Chauvi – die Rüsselsheimer geloben Besserung. Einstweilen, als Vorschuß auf mehr Gleichberechtigung in Opel-Prospekten, bietet Opel die Kadett CS-Limousine als *das* Auto, *den* Kadett für die Hausfrau. Wie wär's mit den femininen Farben Alltagsgrau, Hoffnungsgrün oder Goldregen-Metallic?

Der Luxus-Kadett

Schönling der Kadett-Familie ist der **GL**. Mit seiner geradezu verschwenderischen Luxus-Ausstattung liegt dieses Modell voll im Trend, ist es ein absolutes Muß für adoleszente Großverdiener: GL ist gleich **G**enuß und **L**uxus. (Früher gab es noch eine Steigerung, GLS, **G**enuß, **L**uxus und **S**port, die unverständlicherweise ersatzlos gestrichen wurde.)

Die GL-Preisskala beginnt bei 19 055 Mark für den Dreitürer mit 60-PS-Motor und endet beim viertürigen 1,7-Liter-Diesel. Bis auf die Sportsitze und das ABS verfügt der GL über genau die gleiche Ausstattung wie der CS, ist jedoch, von solchem Sicherheits-Brimborium befreit, 1 375 Mark billiger. Dieses Plus an Minus muß der Golf dem Kadett erst einmal nachmachen!

Die gelungene Synthese aus Genuß und Luxus ist ein ausschlaggebendes Kaufargument für so erfolgreiche und konsumfreudige junge Leute wie Götz und Larissa. Von wegen, Yuppies fahren keine Allerweltsautos: Als die beiden auch noch entdecken, daß der Kadett GL ihrer beider Initialen trägt, gibt es für sie kein Halten mehr: Götz zückt souverän das Scheckbuch seines Vaters, sagt nein zum VAG-Partner und ja zum GL: Golf vermiest, Kadett gekauft. Und mit dem übriggebliebenen Geld düsen die zwei Hübschen, reiselustig, wie Kadett-Fahrer nun einmal sind, auf einen Frühstücks-Toast nach Hawaii. (GL-Farb-Empfehlungen: Champagner-Metallic, Tausendmarkscheinbraun, Miamiweiß.)

Der Rallye-Kadett

GT, **G**eil & **T**ierisch, so heißt der Kadett für die Renngemeinde von Walter Röhrl & Co. Dieses Fahrzeug ist, wie unabhängige Autotester der Werkszeitung »Opel Post« meinen, die Ultima ratio an Fahrmaschine. Werksfahrer Speedy Gonzales ist derselben Meinung und drängt: »Ey, Leute, nun schmeißt doch dem freundlichen Opel-Händler seine 21 450 Emmchen in die Kasse, zurrt die Liebste auf dem Beifahrersitz fest und schiebt schon mal sachte den ersten Gang rein – ab durch die Mitte mit dem 75-PS-Boliden; ab, ab, ins Jagdrevier, auf Bundesstraßen und Autobahnen! Oh, der GT ist ja so schnell, so verdammt schnell. Nur 13 kurze Sekunden braucht dieser Tiefflieger, bis seine Tachonadel die Hundert-Stundenkilometer-Marke knutscht. Sehr viel schneller trinkt man keine Whiskyflasche auf den Grund! Mann, du hast hier eine Motorsäge, um eine Spargelstange zu halbieren!«*

Reinrassige Sportgeräte wie der GT – und nichts anderes ist dieser Kadett mit seinen 170 Sachen – benötigen natürlich auch Aerodynamik und Fahrverhalten optimierende Hilfsmittel. Der GT hat sie: Sportstreifen, so lang

* So sprach schon »Liebling« Manfred Krug, als er 1987 für den »Playboy« mit dem Porsche 959 auf Achse war, doch der (der Porsche natürlich) fiel beim Publikum derart durch, daß die Produktion schon nach 200 Stück eingestellt wurde.

wie die Laufzeit des Ratenkreditvertrags; Reifen, so breit wie ein auseinandergefalteter Mahnbescheid; dazu Spoiler unterm Bug, Spoiler auf der Kofferraumklappe, ja sogar in putziger Miniatur-Ausführung auf dem linken Wischerarm, damit der Kadett GT-Fahrer auch bei Regen nie den Höchstgeschwindigkeitsbereich verlassen muß: »Windleitaufsatz« heißt dieses wichtige Detail im Opel-Jargon. (Aufsehen- und auch sonst erregende GT-Farben sind: Angeber-Metallic, Neidgrün, Blutrot, Blaulicht-Zweischicht-Mineral-Effekt.)

Der Sport-Kadett

Im Prinzip ist der Kadett **GSI** nichts anderes als die Fortsetzung des GT mit anderen Mitteln. Ganz schön imposant, was dieser bislang stärkste Kadett zu bieten hat: Nervös flimmernde Digital-Instrumente im Cockpit sorgen für eine futuristische Atmosphäre wie im Raumschiff Enterprise. Damit Scottie seinem Captain Kirk in jeder Situation genügend »Energie!« für die Phaser zur Verfügung stellen kann, werkelt unter der beidseitig mit schneidigen Luftansaugkanälen versehenen Motorhaube »der hochkarätige 2.0 i-OHC-Einspritzer mit 115 PS«. Obwohl der normale GSI ohne die 16 Ventile seines großen Bruders auskommen muß,verhält er sich auf der linken Autobahnspur keineswegs so, als hätten ihm Neidhammel »Hängolin« oder »Schlappofix« in den Tank gekippt: »206 km/h Höchstgeschwindigkeit«, so die Werkangabe, »geben das sichere Gefühl von genügend Reserve.«

Apropos: Das sichere Gefühl, sich den höchstens 27 285 Mark teuren GSI auch bei einem nur geringen Einkommen leisten zu können, gibt neuerdings eine als Extra erhältliche elektrische Einstellung für die Kredit- bzw. Leasingraten. Diese höchst sinnvolle Zusatzausstattung stellt sicher, daß die Abwicklung der GSI-Finanzierung – die Opel Kredit-Bank »läßt Ihnen finanziell freie Hand« – wie ein Dreiwege-Katalysator funktioniert: geregelt. Der Kadett GSI ist gedacht für sportliche Individualisten mit geregeltem Leben – Schule, Beruf, Ehe, Midlife-Crisis, Scheidung, Ruhestand und Exitus; eben für Menschen, die wie die Opel-Techniker sich auch mal selbst auf die eigene Schulter klopfen: »Wir finden, der Windkanal und unsere Ingenieure haben ein Meisterwerk vollbracht.« (Meisterliche GSI-Farben: Biedermann-Blau, Dresdner Bank-Grün.)

Der Über-Kadett

LS, CS, GL, GT, GSI – nach so viel Kraft, Luxus und Sportlichkeit scheint eine weitere Steigerung kaum noch möglich. Und dennoch, Opel hält ein weiteres Kadett-As in der Hinterhand: Das Topmodell **GSI 16V**, Opel's langerwartete Vergeltungswaffe gegen den Erzfeind Golf GTI: Ätsch, jetzt hat unserer auch 16 Ventile im Zylinderkopf!

Das Warten hat sich gelohnt.Die Ingenieure »hochqualifiziert«, die Forschungsanlagen »modernst«, entstand mit dem 16V ein wahrer Über-Kadett, das Nonplusultra auf Rädern, an und in dem alles, aber auch wirklich alles, perfekt ist: Seine Karosserie hat »das perfekte Styling«, sein Innenraum die »perfekte Instrumentierung« – meint zumindest Opel.

Der GSI 16 V ist »ein Sportkamerad, der jede Fahrt zum Vergnügen macht«. Schon durch »das kleine rote 16-V-Zeichen« auf dem Frontspoiler reklamiert der GSI 16-V-Fahrer ohne Wenn und Aber seinen Führungsanspruch. Auf freier Wildbahn zur Strecke gebrachte BMW-Fahrer winseln denn auch feige um Gnade: Bitte, laßt uns Dreier leben! Ihr Memmen, das könnte Euch so passen – kein Pardon, und Gefangene werden nicht gemacht!

Obwohl – im GSI-Prospekt appelliert Opel an den »besonders souveränen Fahrer, doch ja immer »verantwortungsbewußt zu agieren und zu reagieren«. Immerhin reitet jeder Besitzer eines Kadett 16V »die Hohe Schule der Motorentechnik«: »Sequentielle Einspritzung, selektive Klopfregelung und Luftmassenmessung« wecken selbst im sanftesten Mann den Nicki Lauda-Instinkt. Für 31 815 Mark wird man seinen teuer bezahlten 150 Pferdchen doch wohl mal die Sporen geben dürfen! Nicht aufregen, lieber 16-V-Pilot, du darfst: Ausgerüstet mit einer 500-Watt-Stereoanlage, ist der Kadett 16V genau das richtige Auto zum in der Gegend herumstromen. »Rein in das Fahrvergnügen« – auch Sie sind gemeint,Peter Strohm! Opels 16-Ventiler schreit ja geradezu nach Abenteuern mit vorabendserienfüllenden Verfolgungsjagden: Mit Stunts, die nur deshalb so verdammt echt aussehen, weil sie verdammt nochmal echt sind; mit attraktiven Frauen, die nur zu gut wissen, wo sie hingehören (nämlich an die rechte Seite des – natürlich männlichen – Fahrers); mit hinterlistigen Schurken, die sich mit einem Golf begnügen müssen (und folglich zum Scheitern verurteilt sind).

Auweia, Ihr Opel-Schlafmützen! Warum ist Euch in Rüsselsheim noch nie die Idee gekommen, Löwitsch & Co einen GSI 16V anzudienen? Löwitsch/Strohm, als vorbildlicher Verkehrsteilnehmer mit einem 16 V durch die Fußgängerzonen deutscher Großstädte heizend, verfolgt von einer Meute Japsen-GTIs, die Linke trotz drastisch erhöhten Adrenalinausstoßes lässig-cool am Lederlenkrad, die Rechte – »Ruf doch mal an!« – am Hörer des Siemens-Autotelefons, die Mittlere an seiner schnuckeligen TV-Freundin Désirée Nosbusch-Becker, und aus dem voll aufgedrehten Opel-Radio »SC 303« plärrt Mandy Winter im Duett mit dem ebenfalls voll aufgedrehten Zwei-Liter-Einspritzer den Peter Strohm-Titelsong: »He's never been a man of compromise ... « Wißt Ihr, Opel-Leute, was das wär'? Image-Werbung ohne Kompromisse wär' das! (Einzig akzeptable 16 V-Farbe: Derrick-Metallic.)

Der Handwerker-Kadett

Bei der Vorstellung des »Touring«, wie der karg ausgestattete BMW-Kombi auf der Basis des Dreier-Modells im prosaischen BMW-Werbedeutsch heißt, verplapperte sich ein BMW-Pressemann: Der verlängerte Dreier sei doch eigentlich viel zu elegant und sportlich, um den alles vollkleckernden Handwerkern als profanes Transportmittel zu dienen. Tenor: Sollen diese Leute sich doch einen popeligen Kadett-Caravan kaufen ...

An den Protesten aus dem Kundenkreis – und nicht zuletzt auch an den Verkaufszahlen – dürften die BMW-Manager inzwischen gemerkt haben, daß sich viele potentielle BMW-Kombi-Käufer diesen wohlgemeinten Rat zu Herzen genommen haben: Einen Kadett *Caravan* bei der Ausübung guter ehrlicher Arbeit vollzukleckern, ist ungleich billiger, als den »voll mit hochwertigem Veloursteppich ausgekleideten Laderaum« eines »Touring« mit taufeuchten Golfschlägern zu verunreinigen.Im Kadett Caravan bin ich Handwerker, hier darf ich's sein. Opel hat nichts dagegen: Die Kombi-Ausführung des Kadett verkauft sich blendend. 565 Liter Bier haben in seinem Laderaum Platz (bei vorgeklappter Rückbank sind es sogar 1800 Liter). Neben dem niedrigeren Preis ein weiterer Pluspunkt für den geräumigsten Kadett, denn was wäre für einen ständig unter Termin- und Kostendruck schaffenden Handwerker angenehmer, als jederzeit zwischendurch seinen Durst löschen zu können?

Doch auch bei Opel ist man nicht ganz frei von Standesdünkel. Könnte »der Größte seiner Klasse« mit ein paar Modifikationen nicht auch »ein echtes Familien- und Freizeitauto« sein? Wohlgemerkt, nicht mit ein paar Modifikationen am Fahrzeug, sondern am *Werbetext*! Schließlich kommt zur Ladekapazität des Caravan, die »ihm so schnell keiner nachmacht«, noch »seine Schönheit«, worin auch immer Opel diese an seinem schlichten Kombi zu erkennen glaubt.

Als Caravan »Club« gar »kommt er so fein und sportlich daher, daß man seine praktischen Seiten fast vergessen kann« – soviel Fehleinschätzung wirft die Frage auf, ob Opel sein Prospektmaterial neuerdings bei BMW tunen läßt. Für nur 181 Mark Aufpreis können Caravan-Käufer nämlich ihren Großraum-Kadett ab Werk mit einer manuell betätigten Niveauregulierung ausrüsten.

Ein bißchen Luft mehr oder weniger entscheidet dann, ob sich der Fahrer auf hohem oder niedrigem Niveau bewegt,genau wie im richtigen Leben – eine praktische Sache, so eine Niveauregulierung, beileibe nicht nur für Leute mit Minderwertigkeitskomplexen. (Brotzeitgerecht kommt uns der Kadett Caravan in Semmelblond, Bockwurst-Metallic und Senf-Gelb.)

Der Open-Air-Kadett

Cabriolets sind leider keine Domäne der Firma Opel. Schon bei der Bestimmung des Geschlechts gibt es mit »Opel's Grand Open« (Produktanzeige) Schwierigkeiten: Heißt es – männlich – *der* Cabrio oder – sächlich – *das* Cabrio? Opel meint, *der*: »Viele halten *ihn* für *den* schönsten unter der Sonne.« (Wer ist das, »viele«? Opel-Mitarbeiter? Skoda- und Lada-Fans?) Dann wieder *das*: »Steffi zählt *es* schon lange zu ihren Lieblingsplätzen.« Was denn nun?

Das Opel-Cabrio ist kein rein deutsches Produkt, sondern vielmehr una Gemeinschaftsproduzione mit Italia – Bertone in Turin betätigt sich als offizieller Kadett-Aufschneider. Selber schuld, diese geschmacklosen Tedesci, wenn sie keinen echten italienischen Spider kaufen wollen, dachten sich die Itaka*, und verpaßten dem Opel-Cabrio-Verschnitt einen Aufschnitt mit klotzigem Bügel – von »bella macchina« kann beim Kadett-Cabrio ja

* Kein Schimpfwort, sondern lediglich eine Abkürzung für »Italienische Kameraden«,wie die Landser des Deutschen Afrikakorps im Zweiten Weltkrieg ihre Spaghetti essenden Verbündeten nannten

wohl kaum die Rede sein! Der Überrollbügel, angeblich Gewähr für ein Höchstmaß an passiver Sicherheit und Karosseriesteifigkeit, ist nur ein weiteres Indiz für die zahlreichen Irrungen und Wirrungen der Opel-Designer. Trotzdem ist das aktuelle Kadett-Cabrio optisch weniger entsetzlich als sein Vorgänger, der identitätslose Kadett »Aero« (1976), jenes nur 1400mal gebaute, vierteloffene Irgendwas mit Targa-Dach, die verunstaltete Karosserie ein einziges verzweifeltes Fragezeichen: Was bin ich? (Diese Frage kann auch heute nur mit einem entschiedenen »Ganz bestimmt kein vollwertiges Cabrio!« beantwortet werden.)

Kadett-Cabrio-Fahrer sind gewöhnlich weiblich: Frauen glauben naturgemäß immer an das Gute im (Werbe-)Menschen, der ihnen im Falle des Kadett-Cabrio-Reklameschmähs mit selbstgestrickten Begriffen wie »dezente Sportlichkeit« oder »stilistische Individualität« solange um den Damenbart geht, bis für sie der unsägliche Überrollbügel unsichtbar geworden ist. Auf diese verbale Gehirn-Hauptwäsche folgt der finale Weichspülgang beim freundlichen Opel-Händler. Der braucht dann nur noch glaubhaft zu versichern, daß das ätzende Glencheck-Muster der Opel-Sportsitze ausgezeichnet mit dem neuen Halstuch von Madame harmoniert, und schon rollt ein weiterer obdachloser Kadett aus dem gläsernen Schauraum hinaus in die große weite Autowelt, die bereits ziemlich voll ist von Möchtegern-Cabrios dieser Art.

Der Besitz eines (Kadett-)Cabriolets allein macht außerdem noch lange keine echte Cabriosa bzw. einen Cabrioso. Die meisten Bügel- und Plastikdach-Autofahrer erkennt man schon auf kilometerweite Entfernung an ihren ausgesprochen schlechten Manieren als ahnungslose Neulinge in der Wir-sind-was-Besonderes-denn-wir-fahren-offen-Zunft. Beispiel: Grüßen fremder Cabriosi. Dazu Auszüge aus dem »standesgemäßen Extra für Cabrio-Fahrer«:

Seit jeher ist es guter Brauch und Sitte unter Cabrio-Fahrern, einander ohne Ansehen der Marke, des Fahrzeugalters und -zustandes zu grüßen. Als standesgemäßer Gruß gilt:

- *heftiges Winken aller Insassen mit den Händen,*
- *mindestens dreimaliges Betätigen der (Licht)-Hupe,*
- *kanonartige »Hurra, Hurra!«-Rufe oder*
- *alles zusammen.*

Besitzer/innen eines Kadett-Cabriolets sollten jedoch folgende Einschränkungen beachten:

- *VW Golf-, Ford Escort- und Peugeot 205-Cabrio-Fahrer sind, obwohl von der anderen Fakultät, Leidensgenossen, da ihre Autos ebenfalls mit Design-schändenden Überrollbügeln verunstaltet wurden: solidarisch grüßen.*

- *BMW-Cabrio-Fahrer haben's immer eilig. Egal, ob morgens, mittags oder abends, zu jeder Tageszeit müssen sie irgendwo und irgendwie Geld anschaffen, um die nächste Leasingrate zu finanzieren. Diese Leute dürfen auf gar keinen Fall dabei gestört werden: Grüßen nicht und werden nicht gegrüßt.*

- *Alfa Spider-Fahrer zählen ob der gelungenen Form ihrer Autos nicht nur zu den wahren, sondern aufgrund der traditionell erbärmlichen italienischen Verarbeitungsqualität auch zu den bedauernswertesten Cabrio-Fahrern: mit aufmunternder Geste grüßen (ebenso: englische Spitfire und MG).*

- *Triumph-Fahrer sind die Puristen schlechthin. Selbst im dichtesten Regen lassen diese tollkühnen Männer in ihren fahrenden Kisten das Segeltuchverdeck unten (es ist sowieso immer undicht) und trotzen mit verkniffenem Gesichtsausdruck der Unbill der Witterung – daher auch das ungewöhnlich hohe Abtropfgewicht dieser Leute: Mit untertänigstem Respekt grüßen, aber keinen Gegengruß erwarten.*

- *Ein hart an der Höchstgeschwindigkeitsgrenze operierendes Porsche Turbo-Cabrio rechtzeitig als ein solches auszumachen, dürfte schwerfallen. Trotzdem, der Höflichkeit halber vorsorglich den Mittelfinger emporrecken – ein wenig Sozialneid in Ehren kann niemand verwehren.*

- *Mercedes SL-Fahrer grüßen, wenn überhaupt, grundsätzlich nur ihresgleichen. Jedes noch so gutgemeinte Servus von Nicht SL- oder gar Kadett-Cabrio-Fahrern würden sie als plumpe Anbiederung mißverstehen. Daher: Grußversuche unterlassen.*

Weil jedoch viele Kadett Cabrio-Fahrer noch durch eine andere, ungleich schlimmere Unart auffallen – es ist wohl mehr Unwissenheit als Absicht –, noch ein Tip. Auch wenn die Außentemperaturen nur knapp über 30 Grad liegen, der Wetterdienst für nächste Woche Regen vorhersagt und der Wind wie ein Fön auf Stufe 0,5 bläst – das 5-lagige Verdeck des Kadett-Cabrios läßt sich auch bei derart unwirtlichen Wetterverhältnissen zurückklappen: Erst durch das Zurückklappen des Verdecks wird das Kadett-Cabrio zum Cabrio! (Oben-ohne-Farben: Waldsterbenbraun, Ozonlochblau, Abgas-Anthrazit.)

Auf der Suche nach einer Identität: Die Kadett-Sondermodelle

Sie heißen »Tiffany«, »Miami«, »Jubilee«, »Sprint«, »Club«, »Edition«, »Snow«, »Joy« oder »Sprint«, und all diese Namen stehen nicht etwa für besondere ingeniöse Fehlleistungen, sondern vielmehr für limitierte Spezialausgaben des Kadett. Neben Ford und VW darf sich Opel zu den auf diesem Gebiet einfallsreichsten Autoherstellern zählen: Keine Opel-Baureihe ohne

das eine oder andere Sondermodell. Die Masche ist immer die gleiche: Man nehme ein ganz normales Serienexemplar, verpasse ihm mittels Zierstreifen und Sonderlackierung ein »neues« Design, stopfe den Sonderling voll mit teuren und begehrten Extras, reduziere dennoch drastisch den regulären Listenpreis, und fertig ist ein weiteres (Kadett-)Sondermodell. Wer also glaubt, mit einem ganz gewöhnlichen Kadett nicht glücklich werden zu können, der sollte zu einer der unzähligen Sondervariationen greifen – das ist bewährte Individualität, zehntausendfach.

Sondermodell Kadett »Miami«

Im 1,3 Liter-»Miami« findet der kompromißlose Kadett- und Krimi-Fan so ziemlich alles, was man für einen coolen Einsatz undercover braucht: Ein *Glaskurbelhebedach*, damit man bei hohen Innentemperaturen auch was zum Glaskurbelhebeln hat; *Colorglas*, denn schließlich spielen in »Miami Vice« ein Weißer *und* ein Farbiger Seite an Seite; von *innen einstellbare Außenspiegel*, weil's umgekehrt umständlicher wär'; ein *Original Grundig-Opel-Stereo-Radio-Cassettengerät* zum lautstarken Abspielen des Original-»Miami Vice«-Soundtracks – und das Ganze kostet weniger, als Don Johnson für eine einzige Folge bekommt: Nur 17 450 Mark auf den Tisch des freundlichen Opel-Händlers gezählt, und auf geht's mit dem Kadett »Miami«, von Kleinhögersvelden über Mittelhochfraßbach in die Großhesselloher Disco. Vielleicht schaut Don heute abend auch mal rein.

Sondermodell Kadett »Tiffany«

Das Unmögliche wird Wirklichkeit mit diesem Kadett Sondermodell: Weil die wenigsten unter den Opel-Käufern Gelegenheit haben, ihr Frühstück auch nur ein einziges Mal bei Tiffany's einzunehmen, erhalten sie immerhin die Chance, ein Auto gleichen Namens zu fahren. Der Kadett »Tiffany« verfügt – nomen est omen – über eine absolut frühstückstaugliche Sonderausstattung: Seitenschutzleisten (zum Schutz gegen versehentliche Rempler mit der Kaffeetasse), Breitreifen (damit die Spiegeleier noch flacher ausfallen als sonst), Sportsitze (weil Leibesübungen im Sitzen besser als gar keine Morgengymnastik sind) und obendrein noch ein Radio-Cassettengerät* (was wäre ein gemütliches Frühstück ohne den morgenfrischen »Rama«-Song?). Daß man während des Morgenmuffelns auch noch 1 450 Mark gespart hat – um soviel billiger ist der »Tiffany« im Vergleich zum »normalen« Kadett –, ist auch kein schlechter Start in einen neuen, stinknormalen Arbeitstag: »Fang jeden Tag wie einen Sonntag an!« Danke für den Tip, Herr Schanze, wir werden's uns zu Herzen nehmen!

Unbestätigten Gerüchten zufolge bastelt Opel an einer ganz besonderen Serie von Sondermodellen, die noch hochwertiger, noch exklusiver ausgestattet werden sollen. Geplant sind limitierte Auflagen namens Kadett »Luxus« (Zeituhr, abschließbarer Tankdeckel), Kadett »Privileg« (KAT, VAT, DAT*) sowie Kadett »Prestige« (reizvolle Farbkombination aus Platin-Mineraleffekt und Krügerrand-Metallic, vergoldetes Blitz-Emblem, spezielle Opel-Kreditkarte im Handschuhfach).

Die Individualisierung des Kadett

So, wie der Kadett vom Band läuft, ist er alles andere als perfekt – finden jedenfalls viele seiner Käufer. Die mannigfachen großen und kleinen Goodies, die Opel dem Kadett für großes und kleines Geld als Sonderausstattung mit auf den Weg gibt, sind noch lange nicht genug. Aber zum Glück verfügen Opel-Kunden über genügend Phantasie und Tatkraft, um die Individualisierung des – gesichtslosen? – Großserienprodukts Kadett auf eigene Faust vorantreiben zu können: Jeder Kadett-Fahrer sein eigener Tuner, denn Kadett pur, das ist ja nicht zum Aushalten! Die konsequente Aufwertung des Kadett beginnt mit umfangreichen Verbesserungen an seinem Outfit (altdeutsch: Aussehen). Gewünschter Endzustand: Ein Auto mit Persönlichkeit sowie absolute Unverwechselbarkeit aus jeder Perspektive . . .

---

* Aufgepaßt: Nicht überall, wo Opel draufsteht, ist auch Opel drin: Die »SC«-Radios, die ab Werk als Sonderwunsch eingebaut werden, sind waschechte Grundig-Geräte; die Antennen stammen von Hirschmann.
* Von links nach rechts: katalytischer Abgasreiniger, hochprozentige Spirituose, neuartiger Digitalrecorder.

Kaum hat der jungfräuliche Neuwagen den Hof des freundlichen Opel-Händlers hinter sich gelassen, beginnt auch schon Phase 1 der Operation »Special-Kadett«. Seine erste Fahrt führt ihn daher schnurstracks vor die heimatliche Garage, wo erst einmal die serienmäßig aufgeklebten Plastikschriftzüge mit dem Fön abgelöst werden: Runter mit den Lettern »LS« (Bezeichnung der mickrigen Standardversion), runter auch mit so wenig respekteinflößenden Zahlen wie »1.3« (für den klitzekleinen 1300-ccm-Motor), die im späteren Kadett-Leben andere Autofahrer nur auf dumme Überhol-Gedanken bringen könnten oder, noch schlimmer, den frischgebackenen Kadett-Besitzer entweder als Habenichts oder als Geizkragen ausweisen – wohl zuwenig Kohle, um sich das Topmodell (den GSI 16 V) zu leisten, was?

Prestigeträchtigere Signets, die unsachkundigen Betrachtern sowohl eine großzügigere Ausstattung als auch eine leistungsfähigere Motorisierung vorgaukeln sollen, hat man bereits einige Tage zuvor auf dem Ersatzteilweg besorgt. Die werden jetzt, anstelle der Original-Ziffern, aufgeklebt. Das Ergebnis dieses ersten kosmetischen Eingriffes ist überwältigend: Was werkseitig nur für teures Geld zu haben ist, verschafft sich ein zum Tuning entschlossener Kadett-Fan für ein paar Mark mehr und innerhalb weniger Minuten selbst: Die imagehebende Aufwertung vom Grund- zum Topmodell. Das »kleine rote 16 V-Zeichen« beispielsweise paßt ganz ausgezeichnet auch auf den Kühlergrill des 60-PS-Kadett. Opel-Kunden haben eben einen ausgeprägten Sinn fürs Praktische: Von gewissen, in der Praxis eher unbedeutenden technischen Unterschieden abgesehen, ist die »optische Anmutung«, wie Fachleute es nennen, die gleiche wie beim rund 14.000 Mark teureren 16-Ventiler. (Zumindest in diesem Punkt unterscheiden Opel-Fahrer sich nicht wesentlich von Mercedes-Fahrern, denen man ähnlich wirtschaftlich ausgerichtete Motive nachsagt.)

Als nächstes kriegt der Kadett ein paar geklebt: Ohne Sticker ist ein Kadett kein Kadett, überhaupt, ist ein Opel kein Opel: Quer über die Windschutzscheibe wird ein riesiger »Yokohama«- oder »Pioneer«-Schriftzug gepappt, am besten in Spiegelschrift, damit Autofahrer hinter uns denken, wir hätten wirklich eine HiFi-Anlage einer dieser Marken im Wagen (wo's doch in Wirklichkeit bloß für das Opel-Radio »M 101« – 5 Watt, Mono, UKW – gereicht hat).

Auch die Kadett-Karosserie erfährt Belebung durch Beklebung. Viele, viele bunte Sticker künden von der ungezügelten Konsumlust seines Fahrers: »Bilstein« (obwohl als Erstausrüstung Fichtel & Sachs-Stoßdämpfer montiert sind), »Schroth« (so heißt der Hersteller der Hosenträgergurte, die sich jeder jugendliche Kadett-Freak sehnlichst zu Weihnachten wünscht) oder auch »Mantzel« (dessen teures PS-Doping sich zwar gerade »LS«-Besitzer nicht leisten können, aber im Vorgriff auf den Lottogewinn nächsten Samstag schon mal öffentlich davon träumen). Das aufklebbare Lippenbekenntnis zu den Erzeugnissen des Opel-Haustuners Irmscher macht den rundlichen Kadett-Po erst richtig sexy.

Natürlich dürfen bei einer zünftigen Kriegsbemalung auch Sticker des besten Fußballvereins der Welt nicht fehlen (jener, bei dem man zumindest passives Mitglied ist), ebenso eine Handvoll Logos progressiver Rockbands (zum Beispiel Modern Talking) oder begnadeter Klassik-Formationen (wie Rondo Veneziano). Guten Geschmack darf man ruhig öffentlich zeigen (*hören* wird man ihn sowieso).

Wer öfter durch die Republik oder ins Ausland reist, sollte auch nicht versäumen, mit einem stilisierten Ortsschild-Aufkleber auf seinen Wohnort aufmerksam zu machen. Gerade der deutschen Sprache nicht mächtige Menschen sind meist ganz versessen darauf, sich ihre fremdländischen Zungen an Ortsnamen wie Wasentegernbach oder Holzapfelkreuth zu brechen.

Manch Angehöriger der älteren Generation setzt in Sachen Aufkleber auf ideelle Werte: »Deutschland den Deutschen« (weil der Unterschied zwischen Spätaussiedlern und Heimatvertriebenen einem ehemaligen »Volk ohne Raum« nur schwer verständlich zu machen ist); »Ein Herz für Kinder« (weil die »Bild«-Zeitung sich so rührend für unsere Kindeskinder einsetzt, die es doch einmal besser haben und Tempo 300 als freie Bürger auf freien Straßen genießen sollen); nicht zu vergessen das obligatorische »D«-Nationalitäts-Oval (je nach Grad der eigenen patriotischen Gesinnung in nüchternem Schwarz-auf-Weiß oder in den Landesfarben Schwarz-Rot-Senf auf einer stilisierten Deutschland-Flagge. Wenn dann noch Platz ist, schützt eventuell ein Hinweis auf den eigenen KFZ-Haftpflichtversicherer den kostbaren Lack (notorische Bummler sollen ruhig wissen, mit welcher Gesellschaft sie sich im Schadensfall herumstreiten müssen).

Riesig-runde »Atomkraft – nein, danke!«-Aufkleber wird man auf Kadett-Motorhauben allerdings vergebens suchen. Mit der Ökopaxerei haben Kadett-Fahrer aller Altersgruppen nichts am Hut. Schließlich wollen die Grünen doch das Auto verbieten, also auch den Kadett. *Meinen* Kadett? Niemals!

Dem Trend weg vom unbeklebten hin zum über und über bestickerten Kadett möchte Opel schon bald mit einem bemerkenswerten Angebot begegnen: Für die nächste Kadett-Generation (ab 1991) ist als Sonderausstattung ein sogenanntes »Aufkleberpaket« geplant. Es enthält jeweils fünfzig ver-

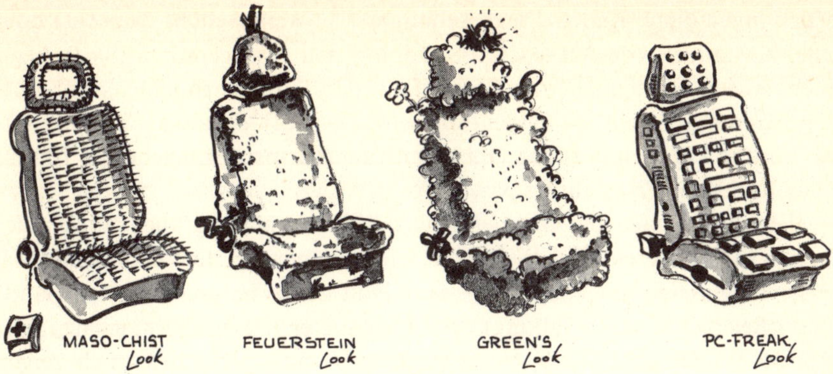

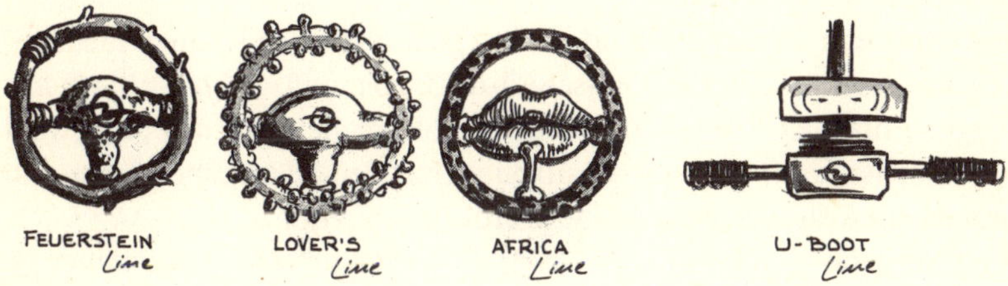

schiedene, frei wählbare Klebefolien, die zugunsten längerer Haltbarkeit gleich in die Fahrzeuglackierung mit eingearbeitet werden. Opel, bekannt für mustergültige Verarbeitung, gewährt für dieses attraktive Extra eine sechsjährige Garantie gegen Meinungsänderung. Außerdem sind Intensivkurse für Motorhauben-verschönernde Airbrush-Künstler geplant.

Stufe 3: Individualisierung des Innenraums. Zu diesem Zweck steht dem Hobbytuner die gesamte extrabreite Palette des Zubehörhandels zur Verfügung: Auf die Mittelkonsole gehört – etwa als Schutz gegen zu dicht vorausfahrende Verkehrsteilnehmer – eine Plakette mit dem Abbild des Heiligen Christopherus, ferner ein werkseitig leider nicht erhältlicher Telefonzehnerl-Spender mit integriertem Kugelschreiber-Sonnenbrillen-Limoflaschen-Paßbild-Halter. Vom Innenspiegel herabbaumeln sollte ein möglichst großes Maskottchen (viel hilft viel), mit dem sich Fahrer bzw. Fahrerin voll identifizieren kann. (Ausnahmsweise darf es auch einer der beliebten Wunder-Duftbäume sein, weil ALFs ja auch mit Saugnäpfen zum an-die-hintere-Seitenscheibe-stecken erhältlich sind.) Als Zweit-Glücksbringer könnte ein plüschiger Tombolagewinn die Hutablage zieren.

Seiner (bzw. ihrer) Kreativität mit Selbstgehäkeltem Ausdruck zu verleihen, etwa zum Überziehen der nicht im Lieferumfang enthaltenen Klopapierrolle, ist keineswegs ein Privileg von Mercedes-Fahrern. Ein drittes Nummernschild in Form eines hübsch gehäkelten Kissens ist zum Glücklichwerden mit dem Kadett ebenfalls unerläßlich.

Unmittelbar nach Versiegelung des neuwagenfrischen Armaturenbretts mit Cockpitspray ist es Zeit, die serienmäßigen Instrumente durch weitere sinnvolle Meßgeräte zu ergänzen: Ampére-, Volt-, Beschleunigungs- und andere Schwachsinnsmeter, aber bitte jeweils in aufregendem Nachtdesign. Soviel Sportkompetenz verdient, nach außen für jedermann (und besonders für jederfrau!) sichtbar zu sein – oder doch nicht: Feingerasterte Tönungsfolien schützen Kadett-Fahrer und Mitrasende vor neugierigen, nichtsdestoweniger neidischen Blicken aufs wertgesteigerte Interieur.

Zu guter Letzt sollte man vorsichtshalber sämtliche Sitzpolster mit Schonbezügen versehen. Wer möchte sich schon nächtelang den Kopf über das am besten zur Außenfarbe passende Bezugsmuster der Sitze zerbrechen, nur um eines Tages einen gemeinen Fleck darauf entdecken zu müssen? Die umfangreichen Verschönerungsarbeiten im Kadett beschließt der Bezug des Lenkrades mit einem dicken flauschigen Lammfell.

Selbst wenn dieser dekorative Fellkranz einmal ein Eigenleben entwickeln und vom Lenkrad rutschen sollte, hat man sich bis dahin mindestens 10 Kilometer Fahrtzeit lang nicht über ein nacktes Plastik-Volant ärgern müssen. Für soviel Komfort kann man eine kurze Schrecksekunde getrost in Kauf nehmen.

Der Kadett der neunziger Jahre

Von einem kurzen Vorkriegs-Intermezzo abgesehen, gibt es Opel-Fahrzeuge mit dem Namen Kadett als Vertreter der unteren Mittelklasse exakt seit August 1962, mittlerweile in der fünften Generation. Und obwohl der Modellwechsel – auf E-Kadett folgt F-Kadett, voraussichtlich im Herbst 1991 – bevorsteht, tut Opel viel, um auch den »alten« Kadett noch jung und attraktiv aussehen zu lassen. Ist doch das Modell E »auf den Straßen Europas äußerst beliebt und erfolgreich«, und damit das auch weiterhin so bleibt, bescherte das große Facelifting dem kompakten Kadett allerlei Verbesserungen, weil man eben »alles, was schön und gut ist, immer noch schöner und besser machen« kann. So verkündet es der aktuelle Kadett-Prospekt.

Wichtigste Neuerung: Ab sofort heißt der Kadett nicht mehr einfach nur Kadett, sondern »Kadett der neunziger Jahre« (auch wenn er im nächsten Jahrzehnt hauptsächlich die Rolle eines Gebrauchtwagens spielen wird). Also, liebe Kadett-Käufer, laßt euch von den zahlreichen Vorab-Berichten und Erlkönig-Fotos in den Automagazinen nicht täuschen – die Neunziger gehören dem Kadett E!

»Neue Form, neue Technik, neue Ausstattung« – ist wirklich alles neu am überarbeiteten Kadett? Nun, sein Kühlergrill hat tatsächlich eine neue Form bekommen, die gesamte Frontpartie wurde der Linienführung seiner großen, erfolgreichen Brüder, Omega und Vectra, angepaßt. Ganz bestimmt werden sich die Opelaner bis zur Vorstellung des nächsten Kadett noch ein ähnlich futuristisch-nichtssagendes Kunstwort als Produktbezeichnung einfallen lassen, die dem Zeitgeist huldigt. Der schlichte Name Kadett jedenfalls ist in einer Zeit, in der Karriere und beruflicher Erfolg zum guten Ton gehören, unmöglich geworden: Seit 27 Jahren ist der Kadett nun schon Kadett, und hat es immer noch nicht zu einem höheren Dienstgrad gebracht. Nicht zum Maat oder Obermaat, geschweige denn zum Leutnant zur See. Sein Kontrahent aus Wolfsburg hat es da besser: Von einem Golf erwartet niemand, daß er zum Ober-Golf befördert wird. Allenfalls erwirbt VW irgendwann einmal die Persönlichkeitsrechte an Bernhard Langer und bringt als weiteres der unzähligen Sondermodelle den Golf-Langer heraus.

Mit dem Kadett der neunziger Jahre bekennt Opel sich endlich auch zu den Vorzügen eines elektronischen Antiblockiersystems (ABS). Damit die Erbsenzähler des Unternehmens beim Kalkulieren keine Purzelbäume schlagen mußten, wurde einfach ein völlig neues Modell aus der Taufe gehoben: Der CS – die Buchstaben stehen für »Comfort & Safety«, Komfort und Sicherheit – ist ein würdiges Mitglied in der weit verzweigten Kadett-Familie und bringt sein ABS gleich serienmäßig mit. (Bei allen anderen Kadett kostet es 1 900 Mark Aufpreis.) Daß Opel in dieser Hinsicht jahrelang geschlafen und dem Golf den Vortritt gelassen hat, sei hiermit vergeben und vergessen.

Neue Technik - Opel meint damit nicht etwa revolutionäre Wunderwerke des Motoren- oder Fahrwerkbaus. Auf die Details kommt es an! So bezieht sich der Begriff »neue Technik« vielmehr auf profane Dinge wie das Lenkrad (geänderte Form) sowie Schalter für Licht und Gebläse, die allesamt »nach den letzten ergonomischen Erkenntnissen gestaltet« wurden. Erst durch sie wird der Kadett zum Kadett der neunziger Jahre.

Tadel verdient hingegen die *neue Ausstattung* – die Zeit der bretharten Kopfstützen im Kadett gehört nunmehr den achtziger Jahren an. Jetzt sind sie zwar ziemlich straff, aber nachgiebig gepolstert. Farblich abgesetzte Türverkleidungen mit Stoffeinsatz verdrängten die nüchtern-sachlichen Verkleidungen aus grauem Vollplastik. Eindeutiger Trend zur Verweichlichung! Ganz harten Burschen, die sich mit dem »neuen« Kadett nicht anfreunden können, bleibt nur noch, in den Frauenliebling Corsa umzusteigen, wo in dieser Beziehung alles beim alten geblieben ist. (Wer weiß, vielleicht sitzt ja noch ein nicht emanzipiertes Weibchen aus den siebziger Jahren drin.)

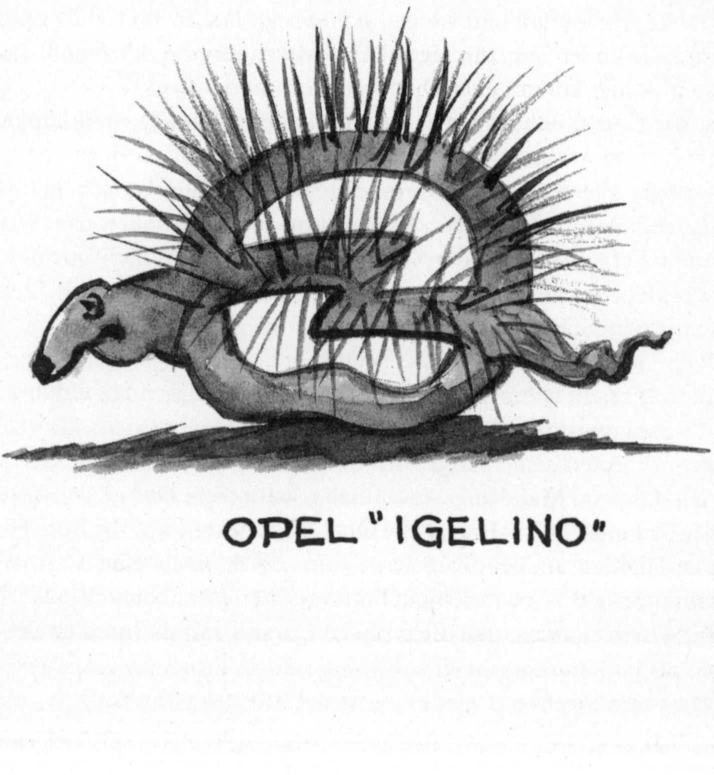

OPEL CORSA

Frauchens frecher Flitzer

Ein irrer Typ mit Elvis-Tolle läßt seine Fender »Stratocaster« Gitarre aufjaulen: Rock'n Roll! Verzückt geben sich zwei leicht geschürzte Mädels seinen heißen Rhythmen hin und wiegen sich, Po an Po, im Takt, die eine ein Tambourin, die andere ein zünftiges Uralt-Mikrophon in der Hand. Ladys and Women – hier kommt euer Opel, hier kommt der Corsa!

Ja, der Corsa, »da ist Musik drin und alles dran, was ein komplett ausgestattetes Auto mitbringen sollte.« Wohl wahr: »Seitliche PVC-Schutzleisten mit rotem Zierstreifen rundum, integrierter Rückfahrscheinwerfer und abschließbarer Tankdeckel«. Was könnte ein autofahrendes Weib mehr begehren? Hauptsache, »der Schwung für die Disco bleibt nicht schon bei der Parkplatzsuche auf der Strecke« – haben eben nur noch Freizeit und Vergnügen im Sinn, diese jungen Dinger.

Doch moderne Frauen von heute sind, wie Opel weiß, ganz anders. Moderne Frauen nehmen kein Blatt vor den Mund, wenn es um ihre Gefühle geht. Schonungslos offenbaren sie sich – im Corsa-Prospekt: »Der Corsa macht mir gute Laune. Er gehört einfach dazu, wie meine beste Freundin. Als ich das erste Mal dringesessen habe, wußte ich: Das ist der Beginn einer langen Freundschaft.« Brav, liebe Opel-Werbetexter, wie Ihr Eure Humphrey Bogart-Dialoge auswendig gelernt und gleich noch eine Corsa-Farbe – Casablancaweiß – nach seinem berühmtesten Film benannt habt. Nur hättet Ihr wissen müssen, daß die typische Corsa-Fahrerin ihre Zeit lieber in der Disco als im Kino totschlägt (und wenn doch, kriegt sie vor lauter Geknutsche mit dem Boyfriend wieder nur die Hälfte des Films mit).

Zweifellos ist der Corsa ein Frauen-Auto, selbst wenn Frauchen sich wenig damenhaft auf die Beifahrerseite hinüberlehnen muß, um ihr Aussehen zu kontrollieren: Einen Make-up-Spiegel gibt es im Corsa nur auf der *rechten* Seite.

Überhaupt – obwohl sich Opel mit dem Corsa vornehmlich an kreditwürdige junge Damen richtet, sind nirgends im Prospekt Frauen *im* Corsa oder

gar am Steuer zu sehen. Dafür hüpfen umso mehr modisch gewandete Fräuleins in chicen Klamotten ums Auto herum.

Bloß nicht reinsetzen und so tun, als ob frau fahren könnte – der Fotograf – ein Mann, was sonst? – lacht sich sonst noch tot! Besser, frau posiert als Blickfang in einem engen, sexy geschnittenen Trikot und stemmt ein Paar tonnenschwere Plastikhanteln in die Luft. Dann kann sich wenigstens im Hintergrund der Mann aus der Kadett-Broschüre auf ein gemeinsames Gasgeben freuen: Komm' du mir mal auf den Rücksitz meines 16-Ventilers, du freches Corsa-Girl!

»Der Kleinste von Opel ist für uns der Größte«, versichert Opel treuherzig im Corsa-Prospekt. Und gesteht: Der Corsa »Swing«* paßt prima in unsere Finanzplanung.« Oder sollte Opel am Ende nicht die eigene, sondern die Finanzplanung der Kundinnen meinen? Das sollten Sie klären, liebe Leserin, ehe Sie sich vom chauvinistischen Opel-Händler über Leasing und Finanzierung eines neuen Corsa beraten lassen!

---

* Opels chronische Sondermodellitis macht auch vor dem Corsa nicht halt. »Swing«, »Joy« und »Cup« heißen die sonderserienmäßig mit Lebensfreude ausgestatteten Corsa-Spezialversionen.

Rummski-Corsakoff oder Wie viele Pferdestärken muß ein Kleinwagen haben?

Das freche Weibchen hat auch einen Freund, und der gibt sich mit den schlappen 45 PS, die der Corsa in der Standard-Version leistet, nicht zufrieden: Ich will Power! Kannste haben: In den 21 425 Mark teuren Corsa GSI hat Opel den 1,6-Liter des Kadett hineingequetscht: »Der bringt eine Menge Kraft (100 Euronorm-PS), geht aber mit dem Kraftstoff sparsam um.« Daß der Corsa GSI lange Zeit nur ohne Katalysator lieferbar war, davon schweigt des Schreibers Höflichkeit lieber . . .

Das Wettrüsten in der Mini-Klasse geht indes munter weiter, auch bei anderen Herstellern. Schon zerbrechen sich die Opel-Techniker die Köpfe, wie man den schwergewichtigen Sechszylinder des Senator (177 PS) unter die Corsa-Motorhaube kriegen könnte.

Quer? Senkrecht? Diagonal? Dann wäre endlich auch der kleinste Opel ausreichend motorisiert. Das heißt – es gibt da noch gewisse Vorschläge von gewissen Lotus-Mitarbeitern (genau wie Opel ein General Motors-Unternehmen), den Corsa mit 16 Ventilen, Turbolader und Ladeluftkühler einer weiteren Leistungs-Kur zu unterziehen: noch mehr Power!

Wie anders sah dagegen die Motor-Welt im Jahre 1907 aus! Damals warb die Firma *Adam Opel, Motorwagenfabrik in Rüsselsheim am Main*, noch wesentlich maßvoller für ihr »Luxus-Landaulet«. Mit seiner kutschenähnlichen »Rennkarosserie« betrug die Höchstgeschwindigkeit der »in jeder beliebigen Form lieferbaren Wagentype« 85 bzw. 95 km/h. Die »Leistung nach der Fabrikantenformel«: bescheidene 24 PS. Geschmiert wurde der Motor mittels »mechanischer Bagger-Oelung«, gekühlt von einer »Bienenkorb-Wasserkühlung mit Ventilator«; die vier Vorwärtsgänge und ein Rückwärtsgang (immerhin!) mußten über ein »Schubvorgelege« geschaltet werden – Ur-Opa mußte also noch etwas von Technik verstehen, ehe er sich auf die Straße wagen konnte.

Doch Opel wäre nicht Opel, wenn nicht auch beim kleinen GSI auf jeden Anflug von Understatement verzichtet worden wäre. GSI-Fahrer – gibt's auch -innen? – wollen schließlich zeigen, was sie haben: Power! Denn: »Sport muß Spaß machen. An den Spoilern vorne und hinten sieht man gleich: Der ist gut in Form.« Von wegen! Hätten Opel's Konstrukteure bei ihrer Arbeit auch nur einmal ins englische Wörterbuch geguckt, sie wüßten:

Spoiler kommt von *to spoil*, was nichts weiter bedeutet als verderben, verhunzen, versauen.

Dem D-Kadett wie aus dem Gesicht geschnitten, so sah der Corsa einst zu Beginn seiner Karriere, 1982, aus. Und was ist jetzt, als GSI, davon geblieben? Nicht viel. Anläßlich des letzten Faceliftings vor dem Modellwechsel wird Opel dem kleinen Kraftprotz wohl noch rasch den Vectra-Grill auf die Schnauze kleben und damit sagen: Der große Bruder von dem da, der ist auf dem Computer zur Welt gekommen!

Dabei kommt der Corsa (auch der GSI) ganz woanders zur Welt, nämlich in Spanien (in Saragossa, um genau zu sein). Dort hat General Motors mit Hilfe eines frisch zugeteilten Bausparvertrags eines der modernsten Autowerke Europas hingeklotzt. Corsa für Corsa lassen die Hombres und Muchachos hier vom Band laufen. Doch stark wie ein Stier wird der GSI erst in der Bundesrepublik gemacht: Tuner wie Irmscher und Mattig klappern schon unternehmungslustig mit Schraubenschlüssel und Klebstoff-Flasche, wenn die Serien-Corsas die ersten Meter deutschen Bodens befahren. Peter Mattig, seit über 20 Jahren selbständiger Opel-Verbesserer mit Firmensitz in Hauzenberg (nahe Passau), hält nichts von Schönfärberei: Corsa »Extrem« nennt er ohne Umschweife seinen Beitrag zum Thema »Laßt den Corsa nicht wie ein Auto aussehen!«

Für 18 000 Mark beklebt Mattig unschuldige Corsas rundum mit sündigen Doppel-Leitwerken und anderen futuristisch geformten Kunststoffteilen, zieht 225/50er Latschen vorne und 285/40er Schlappen hinten auf und treibt dem Corsa auch das letzte bißchen Bravheit aus: Die »Extrem«-Operation endet mit einer perlmuttfarbenen Zuhälter-Lackierung. Daß der Mattig-Corsa »Extrem« schneller aussieht, als er in Wirklichkeit ist (151 km/h), interessiert den Schöpfer dieses Monsters und seine Kundschaft nur am Rande: Power macht selbst dann Spaß, wenn man sie nur ahnen kann.

OPEL VECTRA

Der Vectra, die Vectra, das Vectra: Wissenswertes über das Auto, das auf dem Computer* zur Welt kam

Es war einmal ein Opel, der kam zwar nicht in einem kleinen Ort am Luganer See zur Welt, wurde aber trotzdem nach ihm benannt – Ascona, Paradies für Pensionäre und solche, die es einmal sein werden. Nun, besonders schön oder außergewöhnlich war der Ascona nicht, dafür im sprichwörtlichen Sinne zuverlässig. Sein Innenraum war, wie es sich zu Beginn der siebziger und bis weit hinein in die achtziger Jahre für eine Mittelklasse-Limousine ziemte, groß genug, um fünf Personen – Opa, Oma, Papa, Mama und je 0,5 Statistik-Kindern – genügend Platz zu bieten.

Im Ascona konnte, wer wollte, sogar seinen Hut aufbehalten – oder ihn auf der gleichnamigen -Ablage hinter der Rücksitzbank deponieren.

18 Jahre war der Ascona seinem Erzeuger gut genug, um 3,9 Millionen mal verkauft zu werden. Dann beendete Opel die Ascona-Ära abrupt: Man brauchte einen neuen, zeitgemäßeren Millionen-Hit. Konsequenz: 8 000 Opel-Techniker schwängerten in einer konzertierten Aktion (»Projekt 2400«) CRAY, Opel's sagenhafte Rechenmaschine.

Nun mußte für das Auto, das nach fast sechsjähriger Schwangerschaft *im* Computer zur Welt kam, nur noch ein in unsere Zeit passender Name gefunden werden. Die Opel-Marketingstrategen umschrieben die Eigenschaften ihres neuen »Dingsda« so:

»Da drin haben auch wir Kinder viel Platz ... «

» ... und der hat ganz, ganz wenig Kanten und ist soo rund, weil sich dann die Radfahrer und Fußgänger nicht so weh tun, wenn man sie umfährt ... «

» ... der fährt so schnell, daß meinem Papa immer der Hut wegfliegt ... «

» ... das ist noch gar nichts; *meinem* Papa reißen sogar die Hosenträger, so doll schnell fährt der!«

---

* Bei Opel mögen sie viele Techniker haben, aber bestimmt keine Germanisten: Besser als *auf dem* Computer gebiert es sich *im* Computer. Opel meint wohl: auf dem Bildschirm des Computers.

Schließlich entschied man sich für »Vectra«, eine von vielen Opel-eigenen Wortschöpfungen. Bleibt der Opel-Intelligenzia eigentlich nur noch, zu klären, ob »Vectra« weiblich, männlich oder sächlich ist und wie man den Namen richtig ausspricht: »Wektra« oder »Fektra«? (Als Zwischenlösung einigte man sich auf »der Wektra«, weil man bei Opel, wie wir bereits aus dem Verkaufsmaterial wissen, lieber ein Maskulinum als eine Femina hinterm Steuer sitzen sieht.)

»Der Vectra ist eine Pionierleistung, die dafür gesorgt hat, daß es ab sofort ein aufregend vernünftiges Auto gibt.« – Opel spricht's, doch ehe wir dieser Aussage Glauben schenken, sollten wir sie erst eingehend untersuchen.

In der Tat, noch nie zuvor hat ein deutscher Hersteller ein so modern aussehendes Hut- und Hosenträger-Auto gebaut. Wie Opel es geschafft hat, den biederen Ascona so futuristisch zu verpacken, ist wirklich eine echte Pionierleistung: Die Formgestaltung des Vectra darf als sensationell bezeichnet werden.

»Gutes Design kann man bei uns auch hören«, behauptet Opel in einer Vectra-Produktanzeige. Wie wir hören, wurde die Linienführung »des neuen Vectra in 2 000 Arbeitsstunden im Windkanal nützlich optimiert« – die mit dieser windigen Arbeit betrauten Opel-Techniker optimieren noch heute ihre nützlich verschnupften Nasen. Es ist dieser aufwendige Feinschliff, der den Verdacht nahelegt, der Vectra sei nicht auf dem Computer, sondern im Windkanal zur Welt gekommen.

Dem aufmerksamen Leser wird Opels kleiner Versprecher nicht entgangen sein: Wer da »des neuen Vectra« in den Werbetext schrieb, wollte »des neuen Ascona« schreiben. Denn wenn der Vectra mit dem Ascona nichts zu tun hat, wie Opel immer wieder beteuert, warum ist dann in Anzeigen immer vom »neuen Vectra« die Rede? Gab's etwa schon einen »alten Vectra«, den man uns vorenthalten hat? Und was das »aufregend vernünftig« betrifft – früher hat es Opel-Fahrer immer mächtig aufgeregt, daß die Autos mit dem Blitz gar so vernünftig aussahen. Nun, da der Vectra mit seinem gebremst aufregenden Design diese beiden Gegensätze so harmonisch in sich vereinigt, scheint auch dieser Makel des Ur-Ascona ausgemerzt.

Der Vectra ist ein Auto, bei dem es ums Prinzip geht: Im Fahrzeug-Innenraum ums »Dualschaum-Prinzip«, nach dem die Sitze geformt wurden; bei den Instrumenten ums »Durchleucht-Prinzip«, was bedeutet, daß die Vectra-Instrumente auch bei Nachtfahrten sehr gut ablesbar sind. Sind die Vorderräder des Vectra »individuell geregelt«, so arbeiten seine Hinterräder nach dem »Select-low-Prinzip« – alles überzeugende technische Neuerungen, die dem Einleucht-Prinzip folgen.

Doch schon heute steht fest: Die Hoffnung Opels hat sich erfüllt.

Der Vectra ist ein durchschlagender Verkauserfolg geworden. Nur noch mit Sonderschichten kann das Werk die enorme Nachfrage nach dem Auto, das *im* Computer zur Welt kam, befriedigen. So fand mit dem Vectra noch ein anderer Begriff Eingang in den Opel'schen Sprachgebrauch: das Wort »Lieferzeit«. (Derzeit beträgt sie für den Vectra etwa sechs Monate.)

Derart beliebt ist die untere Opel-Mittelklasse in der Republik, daß auch unsere Freunde und Helfer »die intelligente Lösung« begehren: Was fahren die Cops in Bochum? Richtig, nicht etwa den kompakten Kadett, der im Opel-Werk vor Ort gebaut wird. Nein, die vielen großen und kleinen Ganoven, die in Bochum zur Welt kommen, werden von der hiesigen Polizei ab sofort im Vectra, Ausführung »Schimmi 2400«, dingfest gemacht.

4 x 4-Allrad-Vectra: High-Tech für den Bauernstand

Mit 4 x 4 unter der Motorhaube, nämlich einem Sechzehnzylinder, wie ihn Mercedes-Benz angeblich bereits zur Serienreife entwickelt hat, haben sie bei Opel (noch) nichts im Sinn. In Rüsselsheim ist die Freude darüber groß, 4 x 4 zumindest als Antriebsvariante bieten zu können. Vorläufig ist dieser »weitere Triumph der Opel-Technik« ausschließlich für den Vectra erhältlich.

Im Gegensatz zu Mercedes-Benz, wo anspruchsvolle Kunden die »4-Matic« (ca. 12.000 Mark Aufpreis) ordern, um jederzeit auch »auf vereisten Seen ohne Traktionsprobleme« fahren zu können, stellen sich die Opel-Ingenieure für ihren Allradler (ca. 2 200 Mark Aufpreis) weniger prätentiöse Einsatzbereiche vor: Schon »bergab zeigt der Vectra den Unterschied.«

Warum ausgerechnet bergab? »Weil man bergab bremsen muß«, wie Opel in jahrelanger Forschungsarbeit herausgefunden haben will. Und dann das »Vario-Trac-System« entwickelte. Ein vertracktes Ding: Automatisch trennt es die beiden Achsen in Zehntelsekunden, »selbst bei minus 30° C.« Und es kommt noch komplizierter: »Der Vectra 4 x 4 hat einen permanenten Allrad-Antrieb mit flexibler Momentenverteilung und Abkopplung durch eine hydraulisch betätigte Lamellenkupplung.« Gerade deshalb, meinen die Opel-Konstrukteure, sei der Vectra 4 x 4 »das neue Maß für Allrad-Sicherheit«.

Ob das stimmt, sei dahingestellt. Mit Sicherheit aber ist Opel mit diesem permanenten High-Tech-Blabla zumindest für einen Moment die hydraulische Abkopplung vom unflexiblen Biedermann-Image und der Schulterschluß zu ähnlich ingeniös-elefantös daherlabernden Autoherstellern wie BMW oder Mercedes-Benz gelungen.

Frage: Wer braucht in unseren Breiten einen auch noch bei minus 30° C funktionierenden Allrad-Antrieb in einer Mittelklasse-Limousine? Antwort: Mit Sicherheit nur der von der EG gebeutelte Bauernstand. Nicht erst seit sie sich über die langen Lieferfristen des Vectra ärgern müssen, geht es mit unseren Landwirten und Ökonomen bergab. Wo doch, laut Herrn Kiechle, beinahe jede Zehntelsekunde ein weiterer Agrarier, wirtschaftlich gesehen, ins Gras beißen muß. Wie gut, wenn man da seine ganz persönliche Talfahrt mittels Vectra's Vario-Trac-Tor ein wenig bremsen kann!

OPEL MANTA:

Voll stark oder halbstark?

Ist unter den Lesern jemand, der in den sechziger Jahren schon etwas anderes als einen Kinderwagen fuhr? Dann lassen Sie uns gemeinsam zurückblicken und uns wundern: Das waren noch Zeiten, als die Automobilhersteller ihren biederen Großserien-Limousinen nur ein paar Zierstreifen aufkleben und den Prospekt-Text abändern mußten, um einen richtigen »Sportwagen« im Programm zu haben. Wieviel oder wie wenig Motorkraft unter der Haube schlummerte, das interessierte seinerzeit nur am Rande. Worauf es den Kindern des Wirtschaftswunders hauptsächlich ankam, war ein möglichst »sportliches« Outfit bei ansonsten unverändertem Familienkutschen-Komfort.

Auf dem Gebiet der Versportlichung ganz normaler Autos mit geringstem Aufwand vollbrachte Opel Erstaunliches. Der B-Kadett, beispielsweise, bot bereits in der 60-PS-Rallye-Version eine geradezu atemberaubende Optik: Mattschwarz lackierte Karosserieteile (Motorhaube, Kühlergrill, Flanken und Fenstereinfassungen) kontrastierten mit den damals üblichen, poppiggrellen Wagenfarben. Jeglicher Chromschmuck an den »Sport«-Modellen war verpönt – bekanntlich führen echte Sportler ein Leben in Askese*.

Nur, so richtig von der Masse abheben konnte man sich mit den Pseudo-Sportlern kaum. Schuld daran waren vor allem die meist erbärmlichen Fahrleistungen. Eine neue Lösung mußte gefunden werden. Gegen Ende der Sechziger hatte Ford eine bessere Idee: Sportliches Aussehen wurde kombiniert mit sportlicher Enge im Innenraum, und unter die Motorhaube bewährte Großserien-Technik gestopft. Dabei heraus kam – der Capri, ein extravagant gestyltes Coupé, ein Longseller für einen der härtesten Opel-Konkurrenten.

Das mußte gerochen werden! Rochen? Was lag näher, als das im Eiltempo entwickelte und aufs Band gelegte Capri-Gegenstück nach einem durchaus

* Ohne sich dessen bewußt gewesen zu sein, kreierte Opel jenen revolutionären Sport-Look, den BMW seinen Kunden noch heute als Exklusiv-Trim vorsetzt. Opel erfand die Masche, BMW den zugkräftigen Namen: Als »Shadow-Line« verkauft sich das Weniger an Ausstattung ausgezeichnet.

respekteinflößenden Tiefseefisch, dem Stachelrochen, zu benennen: Der Manta, stilistisch aus dem Blech des Ascona geformt, war geboren. Endlich konnten sportlich ambitionierte Familienväter ihren Capri bei Opel kaufen.

Neptun muß die Opel-Designer mit seinem Dreizack gehörig gepiekst haben, soviel Mühe gaben sie sich, ein unverwechselbares *und* schönes Auto zu zeichnen. Doch leider, viel blieb von der Eleganz des Ur-Manta im Laufe der Zeit nicht übrig. Der einst so charaktervolle Manta wurde zu Tode modellgepflegt.

Nach gut 18jähriger Bauzeit – genau 1 056 436 Exemplare waren gebaut worden – griff Opel zur Harpune: Weil 1987 gerade noch 3 476 Manta verkauft wurden, versetzte man dem Grätling im Juni 1988 den Gnadenstoß. Dabei hatte Haustuner Irmscher bis zuletzt nichts unversucht gelassen, die rückläufigen Verkaufszahlen durch rigorosen Einsatz von Kunststoff-Anbauteilen aufzupäppeln. Käpt'n Irmscher ließ den armen Manta erbarmungslos kielholen, verpaßte ihm rundum häßliche Spoiler-Schuppen und Plastik-Flossen – jeder Süßwasser-Fisch hätte Schwimmaus genommen. Dann schon lieber den Heldentod sterben, als tiefgekühlter »Iglo-Seemannshappen« oder als cross gebratenes Fischstäbchen in Hans Albers' oller Hafenkneipe: »La Paloma ohé, einmal holt uns die See-hee . . . «

Was immer auch am Manta-Design verbrochen wurde, der Liebe der meist jugendlichen Besitzer zu ihrer Lieblingsflunder tat das keinen Abbruch: Mochten Golf GTI- oder Porsche-Fahrer noch so sehr lästern – pfeif' auf die Optik; bei mir biste scheen!

Kein anderer Opel hatte mehr Fans im Glück. Für den Manta taten sie alles: Muttern die Geheimnummer von Vatters EC-Karte abgeschmeichelt, Omma mit selbstgekeltertem Franzbranntwein in Gönnerlaune versetzt, Moffa zum Verkauf inner Sonnabend-Ausgabe inseriert und dem Banker tierisch wat von wegen neuer Maloche und Gehaltsaufbesserung erzählt – schon war die Finanzierung eines neuen oder, stilvoller, gebrauchten Manta geregelt. Unter Ausschluß jeglicher Gewährleistung wurde gekauft wie besehen, rote Nummer drauf, und dann nur noch eines: Fuß aufs Gas, und ab auf die Piste!

Auf du und du mit dem Manta

Du mußt nicht im afrikanischen Busch oder in den brasilianischen Tropenwäldern ums Überleben gekämpft haben, um zu wissen, daß die wahren Abenteuer, die ein Mann auf diesem Planeten noch erleben kann, verdammt rar geworden sind. Aber zum Auslüften vom Alltag ist dir eines geblieben – der Manta, dieser unverschämt heiße Wagen, von dem andere nur träumen können. Du aber, du fährst ihn, und gerade weil das so ist, bist du stärker als die anderen in dieser Stadt,die sich deprimiert in ihren tödlich langweiligen Blechschachteln fortbewegen. Konkurrenz hast du mit dem Manta nicht zu fürchten, mögen sie bei VW noch so starke Sprüche klopfen, zum Beispiel über den Corrado: »So stellen wir uns einen Sportwagen vor« – eine perverse Phantasie haben manche Leute . . .

Als die Sonne aufgeht, hast du dich entschlossen, die Pferde loszumachen. Einer wie du verschwendet nicht viel Zeit mit Vorbereitungen. Du setzt nur deine verspiegelte Sonnenbrille auf, ziehst die James Dean-Lederjacke über und steckst dir zwei, drei Dosen Bier als Marschverpflegung in die Taschen. Schon bist du fertig zum Aufbruch.

Du öffnest das Garagentor: Wie er da so vor dir steht, dieser gewaltige Wagen, auf Hochglanz poliert, geduckt und bereit zum Sprung ins Ungewisse, da fühlst du, daß du der Zivilisation wieder mal Goodbye sagen mußt, wenigstens für eine Weile. Wie könntest du das besser als durch einen ausgedehnten Trip mit diesem ungewöhnlichen Auto? Für echte Kerle wie dich haben sie den Manta mit High-Tech und High-Spirit vollgestopft: Doppelquerlenker, denn doppelt hält besser; Längslenker, damit du immer weißt, wo's lang geht; vorne bremst du mit Scheiben, hinten mit Trommeln – du befindest dich also in guten (Brems-) Kreisen.

Du kauerst dich in den sportlichen Recaro-Sitz und läßt die Tür ins Schloß fallen. Und dann, dann seid ihr allein ihr zwei, du und der Manta. Instrumentencheck, Bestandsaufnahme: ihr habt 5 Gänge, 4 Zylinder, 3-Wege-Kat, 2 Außenspiegel und 1 Mission: euer Ziel zu erreichen, noch ehe die Sonne den Staub küßt. Daß die Chancen gut stehen, bezweifelst du nicht eine Sekunde lang. Hat dich der Manta nicht immer sicher überall hin gebracht? Nach Bilstein und nach Kenwood? Zusammen hattet ihr so manches Good Year? Ein Pioneer wie du ist und bleibt der Boss auf der Piste – also, nichts wie los!

Ein kleiner Dreh am Zündschlüssel, und dort vorne unter der Motorhaube brüllen 107 PS im Chor das Lied von Wildnis und Abenteuer. Gut zu wissen, daß in der Manta-Maschine Hubraum genug für 1979 Kubikzentimeter ist. Einen Drehmoment lang genießt du den Sound von Freiheit mit geschlossenen Augen. Dann schiebst du den ersten Gang rein. Die Kupplung quietscht vor Unternehmungslust. Newtonmeter für Newtonmeter schiebt sich der Manta hinaus ins Freie. Jetzt volle Konzentration: Setz alles ein, was du hast: Zwischengas! Das kleine Irmscher-Lederlenkrad in deinen eisenhart zupackenden Händen dreht sich um 180 Grad.

Die Bremsen heulen entsetzt auf, als du sie zwingst, die ungestüme Motorkraft nur einen knappen halben Zentimeter vor dem Gartenzaun bis zum völligen Stillstand zu bändigen. Damit ist das Rennen auch schon gelaufen. Es riecht nach verbranntem Öl und Gummi. Zufrieden köchelt die Maschine knapp über Leerlaufdrehzahl vor sich hin. Erschöpft kletterst du aus dem Cockpit. Da kommen auch schon deine alten Herrschaften aus dem Haus gelaufen. Du weißt sofort: dies ist nicht der Augenblick, um mit den beiden über Freedom, Hope & Glory zu diskutieren. Sie würden dich sowieso nicht verstehen: Papa nicht, der um seinen zweijährigen, beamtenmäßig gepflegten Neuwagen zittert; Mama nicht, die bei Tag und Nacht um die Gesundheit ihres gerade erst 25jährigen Sohnes bangt. So wirfst du deinem Erzeuger schweigend die Autoschlüssel in die fordernd aufgehaltene Rechte, wobei sich deinem Mund ein mitleidiges Lächeln entringt. Wie der Manta, eben noch lavaspeiender Vulkan auf Rädern, jetzt herabgewürdigt zur braven Familienkutsche, im Schritt-Tempo vom Hof tuckert, du den Kragen deiner Lederjacke hochziehst und einsam zurückbleibst, da wird dir plötzlich klar: Der Fahrer ist es, der das Auto macht, nicht umgekehrt. Dein Entschluß steht fest: Eines Tages, Manta, komm' ich und befrei' dich und führ' dich deiner wahren Bestimmung zu. Gemeinsam werden wir die Jungs in der Nachbarschaft das Fürchten lehren, die Discos im Umkreis von hundert Kilometern von Bräuten entvölkern. Du und ich, wir zwei packen das. Irgendwann ...

Wie der Manta-Nachfolger zu seinem Namen kam

Zum Start des Manta-Nachfolgers wünschte man sich bei Opel, das neue Coupé möge von den Kunden als Begründer einer völlig neuen, eigenständigen Modell-Dynastie gesehen (und gekauft) werden. »Manta«, das stank nach 18 Jahren Bauzeit denn doch zu sehr nach gut abgehangenem Fisch.

Zur Abgrenzung vom Vorgänger mußte also ein neuer, unvorbelasteter Name gefunden werden. Was lag näher, als wiederum ein Kunstwort zu ersinnen, wie schon bei der Ablösung von Rekord (Omega) und Ascona (Vectra)? Zwei weitere in die engere Wahl gezogene Fischnamen erwiesen sich allerdings als Flop: Für den Opel »Steingreßling« sowie den Opel »Großkopfmeeräsche« hatte die Entwicklungsabteilung sogar schon meerblaufarbene Vorserien-Schriftzüge anfertigen lassen, und allen anläßlich eines Publikumstests befragten Meeresjungfrauen und Petri-Heil-Jüngern gefielen die neuen Modellbezeichnungen gut.

Doch schließlich war die Befürchtung, diese Namen könnten beim Kunden negative Manta-Assoziationen hervorrufen, stärker. Wäre es nicht denkbar, daß der Laie die Produktbezeichnung »Steingreßling«, so appetitlich sie dem Angler in den Ohren klingen mag, als »stein-gräßlich« mißverstehen könnte? Nicht gerade ein Kompliment an die Opel-Designer...

Und müßten Sozial-Neidhammel bei »Großkopfmeeräsche« nicht sofort auf so abwegige Gedanken kommen wie »Großkopferte haben mehr Asche«? Immerhin, der neue Opel-Sportwagen würde schon in der Basisversion zwischen 37 000 und 45 000 Mark kosten...

Auf solche Risiken aber konnte und wollte man sich bei Opel erst gar nicht einlassen. So fütterte man CRAY, das sündhaft teure Elektronengehirn, mit den wichtigsten Merkmalen des neuen Wagens und bat um ein paar brauchbare Vorschläge. Von den insgesamt 13 982 341 angebotenen Namen erschienen dem Vorstand zwei brauchbar zu sein, doch auch sie wurden nach eingehender Prüfung wieder verworfen: YARC klang zu sehr wie CRAY auf umgekehrt, CRAYA zu sehr wie die personifizierte Sehnsucht eines liebeskranken Computers nach einer zärtlich-berechnenden Gefährtin.

Inzwischen erging sich die Fachpresse in gewagten Spekulationen. Mal hieß es, der neue Opel werde »Indy GT« heißen, weil bereits Erlkönige, die diesen Schriftzug an den Wagenflanken trugen, ausgespäht worden waren. Dabei handelte es sich nur um den Erlkönig eines *Fahrzeugnamens*, den man zur Tarnung auf ein absolut bedeutungsloses Auto gepinselt hatte – man wollte nur mal sehen,wie sich diese Bezeichnung auf einem richtigen Wagen ausnimmt. Perfektion geht in Rüsselsheim eben immer noch vor Improvisation.

Dann wurde behauptet, Opel lanciere den Neuen unter dem Namen »Cresta« – wieder daneben getippt: Erstens gab es früher schon mal ein Auto namens »Cresta«, nämlich bei der britischen Opel-Schwester Vauxhall, und zweitens existiert bereits eine Schokolade gleichen Namens, die jedoch Zutaten enthält, die man im Opel-Coupé schwerlich finden wird: »Cacao-Masse, pflanzliche Fette (zum Teil gehärtet), Glukosesirup, natürliche und naturidentische Aromen«. Also totale Fehlanzeige.

Als die Sache endlich Spitz auf Knopf stand und umgehend eine definitive Entscheidung gefällt werden mußte, beschloß der Opel-Vorstand, geschlossen einen heben zu gehen. Für ein fortschrittliches Auto wurde zu fortgeschrittener Stunde im Rahmen eines Arbeitstrinkens ein geeigneter Name gesucht. Es muß um die siebte oder achte Lage herum gewesen sein, als einer der Opel-Oberen mit schwerer Zunge gegenüber dem Barkeeper bemerkte: »Wischen Sie, so ein Cuba-Libre iss ein genauscho schweres Caliber, wie die Sssuche eines neuen Namensss für ein neues Auto!«

Blitz! Der Mixer – gebürtiger Cubaner und darüber hinaus ein für die Nöte bundesdeutscher Auto-Manager aufgeschlossener Mensch – brauchte die Worte »Cuba-Libre« und »Caliber« nur noch in seinem Shaker gehörig durcheinander zu schütteln – »Calibra«, der Name des Manta-Nachfolgers, war gefunden!*

* Dem Vorschlag des Autors, den Wagen »Carisma« (von »Charisma«) zu taufen, konnte leider nicht entsprochen werden – angeblich besitzt der neueste Opel zwar eine Menge modernster Technik, aber keine richtige Ausstrahlung. Schade. Trotzdem sei hiermit vorsorglich das Urheberrecht an Namen und Schreibweise für den Verfasser reklamiert, verbunden mit der Bitte an den Opel-Vorstand, ihm Zeit und Ort des nächsten Umtrunks in Sachen Namensfindung rechtzeitig mitzuteilen.

OPEL OMEGA

Wahrheit und Dichtung: Omega der Zuverlässige?

Verkehrsteilnehmer dieser Republik, schaut auf dieses Auto!

Dereinst wird es in die Annalen der Opel-Geschichte eingehen, und zwar als das Auto, das einen Neuanfang begründen sollte, aber beinahe das Ende für die gehobene Mittelklasse des Hauses bedeutet hätte. Trotz Vorschußlorbeeren der Medien war dem Omega kein besonders guter Start beschieden.

Unglücklich schon die Namensgebung: Opel benannte den Rekord-Nachfolger nach dem letzten Buchstaben des griechischen Alphabets*, Omega, und lieferte Lästermäulern damit jede Menge verbale Munition: Wegen seiner unzähligen Qualitätsmängel schimpften Omega-Käufer der ersten Stunde den zunächst hochgelobten Wagen »das Letzte«, während gewisse Auto-Journalisten zum Halali bliesen und schon mal den »Anfang vom Ende« herbeischrieben.

Genau am 17. Oktober 1986 war es soweit: »Die Omega-Story beginnt«, überschrieb Opel optimistisch die vierseitige Faltanzeige zum Verkaufsstart.

Im ersten Kapitel dieser Geschichte wurde erwartungsgemäß mit großen Zahlen aufgewartet und große Sprüche geklopft: 8 000 Opel-Ingenieure und Techniker sowie 17 000 Opel Mitarbeiter (von der Putzfrau bis hinauf zum Vorstandsvorsitzenden wurde jeder mitgezählt) sollen im Verlauf von 59 Millionen Arbeitsstunden etwa zwei Milliarden Mark in das hehre Ziel investiert haben, »ein Auto, wie es im Buche steht«, zu bauen; ein Auto, »bei dem auch die liebe Konkurrenz glänzende Augen« bekommen sollte. »Ehrgeiz ist der beste Konstrukteur« – so ging es, in Anlehnung an den Spruch vom Hunger, der der beste Koch sein soll, munter weiter im Werbe-Text. Derart überzeugend war Opels Einführungskampagne, daß der Omega auf Anhieb zum »Auto des Jahres 1987« gewählt wurde.

---

* Ironie des Schicksals:
»Alpha« sollte das neue Auto nicht heißen, um Verwechslungen mit der gleichnamigen italienischen Automarke, die für ihre legere Einstellung zum Thema Qualitätssicherung berüchtigt ist, vorzubeugen. Hochmut kommt eben vor dem Fall!

Aber nun begann auch schon Kapitel zwei der Omega-Story: Jetzt wurden die ersten Fahrzeuge den Kunden übergeben und auf die Straße geschickt. Bald schon rieselte der Putz von der Legende »Opel der Zuverlässige«. Der Omega entpuppte sich nämlich als wenig zuverlässig, was vor allem daran lag, daß im eigens für ihn hochgezogenen Werk K 130 nicht der Mensch die Technik, sondern die Technik den Menschen beherrschte.

Die Roboter taten, was sie konnten, nur die menschlichen Arbeitskräfte konnten nicht, was sie taten. Es hagelte nur so Beanstandungen. »Auto, Motor und Sport«, das inoffizielle Mercedes-Werbemagazin, registrierte mit Akribie sämtliche Wortmeldungen verärgerter ams-Leser und Omega-Käufer:

Lose Türdichtungen (31%) und Innenverkleidungen (33%); Reifen, die schon nach kurzer Laufzeit sägezahnartigen Verschleiß aufwiesen (16%); rubbelnde Bremsen und unrunde Bremsscheiben (13%); wackelnde Vordersitze (12%); tickernde oder gänzlich ausgefallene Tachometer (42%); abfallende Radkappen (20%); undichte oder lose Stoßdämpfer (12%); selbsttätige Zentralverriegelungen und andere Elektronik-Kapriolen (15%); kaputte Getriebe (47%) und Kupplungsprobleme (32%); schlecht eingepaßte Türen und Hauben (26%).

Kurzum: Mit dem Omega hatte Opel einen Serienanlauf hingelegt, wie ihn sich jeder Autohersteller nur in seinen schlimmsten Alpträumen vorzustellen vermag. Hier einige wahllos herausgegriffene Aussagen erboster Opel-Kunden:

Carl H. aus Wolfsburg:
»Mein Omega läuft und läuft und läuft – nicht einen Meter!«

Daniel G. aus Köln:
»Für mich repräsentiert der Omega die Linie der Unvernunft!«

Eberhard v. K. aus München-Milbertshofen:
»Beim Omega vergeht mir die Freude am Fahren!«

Ezard R. aus Stuttgart-Sindelfingen:
»Dieses Auto steht unter keinem guten Stern!«

Ferry P. aus Zuffenhausen:
»Omega? Fahren in seiner schlimmsten Form!«

Kapitel 3: Opel unternahm alles, um die Leiden des jungen Omega zu lindern. Als wirksame Medizin gegen seine Kinderkrankheiten erwies sich ein unkündbares Firmen-Abo von »Auto, Motor und Sport« für sämtliche 55 000 Opel-Mitarbeiter – jetzt ertönten wenigstens die Pressestimmen dieses Magazins wieder in sanftem, wohlmeinendem Tenor: »Opel saniert den Omega!« Die treuesten unter den Opel-Kunden sahen das Omega-Desaster ohnehin nicht so eng. Anläßlich der vielen Nachbesserungen und Werkstatt-Besuche fanden sogar viele im freundlichen Opel-Händler einen Freund fürs Leben. Mit ihm teilten sie für lange Zeit Freud' und Leid und Einkommen: »Hast Du mal wieder 'ne Omega-Radkappe für mich?« – »Klar, aber hast Du mal wieder 'nen Fünfzigmarkschein für mich?«

So endete (vorläufig) die Omega-Story mit einem Happy-End: Fachpresse und Kritiker wandten sich wieder den traditionellen Qualitäts-Muffeln italienischer und französischer Herkunft zu, Opel-Kunden strichen den unheilvollen Omega-Einstand aus ihrem Kurzzeit-Gedächtnis, und Opel zog aus dem gehabten Schaden Konsequenzen – der Vectra, jene auf den Omega gefolgte Neuschöpfung, präsentierte sich vom ersten Tag an als grundsolide verarbeitetes Auto. Warum denn nicht gleich so?

Omega-Caravan: Freiheit braucht Raum

Schon einmal befand das deutsche Volk, daß es mehr Raum brauche. Doch wie man weiß, hatten die östlichen und westlichen Nachbarn allerhand gegen diese Expansionsgelüste einzuwenden. Heute, 50 Jahre und 1 Wirtschaftswunder später, findet der Traum von mehr Raum ebenso späte wie friedliche Erfüllung. Exakt 2,27 Quadratmeter Raum zur freien Verfügung erhält jeder Bundesbürger, der einen Opel Omega-Caravan kauft.

Dabei liefert Opel noch viel mehr als nur einen gut verarbeiteten (!) und ausgestatteten Kombi. In den 42 000 Mark, die der 3.0 i kostet, aber auch in allen anderen Caravan-Versionen des Omega, ist serienmäßig eine besondere Philosophie inbegriffen. Opel bringt sie auf die markante Formel »Freiheit braucht Raum«.

»Freiheit ist immer die Freiheit des Andersdenkenden«, doziert Opel im Omega-Prospekt sein Leitmotiv. Wer der Auto-Industrie soviel politisches Bewußtsein bisher nicht zugetraut hat, wird ob dieser Aussage angenehm überrascht sein. Im Gegensatz zu den Informationsschriften von Amnesty International (ai), die einem immer mit Bildern gefolterter Menschen die Lust am Nachdenken über die Freiheit oder Unfreiheit anderer vergällt, lädt die Omega-Broschüre jedenfalls zum Sinnieren über »Komfort, Funktionalität und vor allem Dynamik« dieses Raumfahrzeugs ein. »Freiheit braucht Glück« – nun nur noch die beigeheftete Antwort-Postkarte vollständig ausgefüllt nach 4150 Krefeld 500 schicken, schon »gewinnen Sie Ihre persönliche Freiheit«. (Gemeint ist die Freiheit, aus drei »Erlebnis-Wochenenden« eines auszuwählen – oder sich eben einen Drei-Liter-Caravan zuzulegen.)

Der Omega-Caravan 3.0 i verkörpert »eben eine neue Form der Mobilität, die Ihnen auch im Alltag zusätzliche Freiheiten gewährt«. Beispielsweise die Freiheit eines Porsche-Menschen ein wenig zu beschneiden: Mit 220 Sachen in der Stunde ist der Fahrer des stärksten Omega-Caravan jederzeit in der Lage, auf der linken Autobahn-Spur den Begriff von der »Freiheit des Andersdenkenden« neu zu definieren: »Omega« ist nur ein anderes Wort für »nichts mehr zu verlieren haben« . . .

OPEL SENATOR

Oplesse oblige: Die hessische S-Klasse

Wer denkt, eine anspruchsvolle S(onder)Klasse gäbe es ausschließlich bei einem gewissen schwäbischen Hersteller (gut, vielleicht neuerdings auch noch bei einem oberbayerischen), hat sich geirrt. Auch der in Hessen beheimatete Automobilproduzent Opel hat gegen gebündeltes Bares ein Klasse-Auto zu bieten: den Senator.

Wir wissen nicht, wo genau der Senator geboren worden ist; ob er, wie sein Schwesterlein Vectra, im Computer oder im Windkanal zur Welt kam. Doch soviel steht fest: In Stuttgart oder München kann es nicht gewesen sein. Sonst müßte ja der in direkter Linie vom Rekord bzw. Omega abstammenden Luxus-Limousine ein größerer Erfolg beschieden sein: Nur 1 422 gutverdienende Menschen wollten den noblen Hessen im ersten Quartal 1989 vom Hof eines der rund 2 300, im Falle des Senators überaus freundlichen Opel-Händler fahren. Alle anderen Spitzenverdiener deckten wie gehabt ihren Bedarf vorwiegend beim eiskalt abkassierenden Mercedes- bzw. beim noch eiskalter abkassierenden BMW-Händler. Zumindest von den Verkaufszahlen her ist der Senator deshalb das, was man von einem hochpreisigen Auto erwartet: exklusiv, mangels größerer Nachfrage.

Dabei sitzt man im Senator durchaus in der 1. Reihe der automobilen Oberklasse. Bringt doch der erstmals 1977 vorgestellte Super-Opel in der CD-Version* die von anspruchsvollen Abschreibungskünstlern so geschätzten Spielereien, wie heizbare Feinvelourssitze, Bordcomputer, elektrische Fensterheber vorne und hinten sowie Zweischicht-/Oberschicht-Metallic-Lackierung bereits in der Grundausstattung mit. Und auch sein Preis geht in Ordnung: Als CD kostet der Eintritt in die kleine, aber feine Senator-Welt yuppiereske 61 600 Mark (nur vier Varianten stehen zur Auswahl); in der

* Irgend ein Schlaukopf bei Opel spekulierte auf die Eitelkeit im Menschen und dachte sich, es müsse eine Menge Normalsterblicher geben, die einem Senator Corps Diplomatique vor einem stinknormalen Daimler den Vorzug geben würden. Wie man sieht, hat auch diese Amtsanmaßung dem unglücklichen Senator nicht viel genützt.

etwas gestrippten Ausführung sind's sogar bloß mittelständische 45 550 Mark. Kein Wunder, daß viele der an saftige Mercedes- oder BMW-Tarife gewöhnten S-Klasse-Menschen hinter dem Nobel-Opel ein unseriöses Sonderangebot vermuten. Soviel Luxus, soviel Technik, und dann *solche* Preise – zu obszön, um wahr zu sein!

Ist von einem S-Klasse-Mercedes die Rede, so spricht man gewöhnlich von einem »dicken Daimler«, und ein Siebener-BMW heißt im Jargon der Erfolgreichen »schwerer BMW«. Aber wie oder was ist der Opel Senator? Besonders dünn oder leicht ist er mit seinen anderthalb Tonnen auch nicht gerade. Aber dick? Schwer? Nein, so sieht der Senator nicht aus. Besondere Kennzeichen: keine. Nun ja, sein einem Eiswürfelbehälter nachempfundener Kühlergrill gibt ihm auf den ersten Blick durchaus eine eigene Note.

Doch schon auf den zweiten erkennt man die Absicht Opels, ein stylistisches Mittelding aus Mercedes- und Audi-Kühler zu etablieren; Prädikat »total mißlungen«.

Auch die Chance, dem Senator wenigstens ein Ehrfurcht einflößendes Heck zu verpassen, hat Opel vertan: Von hinten betrachtet, könnte der feine Senator glatt als Japaner durchgehen. Dabei gehört bei einem immerhin 227 km/h schnellen Reisewagen eine sehenswerte Rückansicht zu den am meisten stilprägenden Elementen.

Überall da, wo Opel nicht zu überzeugen vermag, versucht Opel zu beeindrucken. So auch beim Senator. Der Trend des Unternehmens zur PS-Aufrüstung und gnadenlosen Versportlichung macht auch vor dem vom Publikum so geschmähten Flaggschiff nicht halt. Nicht länger ist der 177 PS-Motor die oberste Leistungsstufe. Zunächst verhilft Opel dem bewährten Drei-Liter mit einem 24-Ventil-Zylinderkopf zu noch mehr Kraft (204 PS). Sodann wird der Senator den Lotus-Leuten zur Sonderbehandlung überstellt: 360 feurige Rösser sollen im aufgeladenen 3,6 Liter-Vierventiler die Kavallerie für schneidige Autobahn-Jagden (auf wen wohl?) bilden. Zu schlechter Letzt darf sich auch Haustuner Irmscher an dem Sorgenkind versuchen. Wäre doch gelacht, wenn man nach dem Manta nicht auch den Senator mit Spoilern und Verbreiterungen kleinkriegen würde! (Das vom Senator abgeleitete Coupé »Monza« hat deshalb schon vor einiger Zeit den Freitod durch Streichung aus dem Lieferprogramm vorgezogen.)

All diesen technischen und optischen Firlefanz könnte Opel getrost vergessen, wenn es gelänge, heute dem Wagen von morgen für Herren von gestern ein ansprechendes Image zu verleihen. Waren nicht Vectra, Omega und Calibra den Opel-Oberen wert, ganze Abteilungen geschlossen über zündende Produktnamen brüten zu lassen? Beim Senator sind sie noch nicht mal auf die Idee gekommen, ihn sämtlichen Senatoren in Hamburg oder Berlin wenigstens vorübergehend zur Verfügung zu stellen. Was anderes sollte denn ein Senator fahren, wenn nicht einen »Senator«?

In Anlehnung an das Original könnte Opel den Drei-Liter doch auch »Senator 300E« nennen. Oder man quetscht nach Corsa, Kadett, Vectra, Calibra und Omega noch eine weitere, sechste Baureihe – vielleicht den Geländewagen »Gelända GT« – ins Programm. Dann wäre der Senator die siebte, und Opel könnte seinen Größten mit Fug und Recht »Siebener Senator« nennen.

Vor allem aber wird sich Opel einen neuen Basisnamen einfallen lassen müssen. Nicht alle, die einen Senator kaufen – es sind, wie wir wissen, wenige genug –, bekleiden auch ein solch hohes Amt. Vielleicht sollte die nächste Senator-Generation in Anlehnung an das Lebensalter seiner Käufer Opel »Senior« heißen. Nach Opel-Manier getunt, entstünde aus »Senior« und der obligatorischen Endung auf »a« der Kunstname »Senora«, was wiederum nach einer temperamentvollen, heißblütigen »Señora« klingt. Ohnehin wird es für Opel Zeit, die erotische Komponente hochgezüchteter Autos stärker zu betonen.

Doch weil sein Preis wohl auch in Zukunft deutlich über den Bezügen von Pensionisten liegen wird (und gerade die würden den Senator liebend gern fahren), scheidet ein weiterer, nicht minder attraktiver Name von vornherein aus: Das durchaus zutreffende, aber leider allzusehr vom Ruhestand dieser Zielgruppe kündende »Rentna«.

OPEL UND ANDERE FOUR-LETTER-WORDS

Four-Letter-Words – so heißen im Englischen jene vier Buchstaben kurze Wörter, die meist etwas Vulgäres, Unaussprechliches, mitunter aber auch etwas Angenehmes, Schönes bezeichnen. Im Hause Opel kennt man ebenfalls viele solcher Begriffe...

CRAY ist ein positives Four-Letter-Word. Seine herausragende Stellung im Wortschatz der Firma signalisieren nicht zuletzt kleine sprachliche Eigenheiten, ist doch *die* CRAY, wie Opels Techno-Freaks *den* CRAY liebevoll feminisieren, für die Rüsselsheimer so eine Art High-Tech-Storch. CRAY, so heißt der (oder die?) Entwicklungs-Computer, *auf* (und nicht *in*) dem die Autos mit Blitz (z. B. Vectra) zur Welt kommen. (Autos mit Witz oder auch nur mit Pfiff zu gebären, bleibt kommenden CRAY-Generationen vorbehalten.)

Die Weiterentwicklung dessen, was *auf* dem Kopf des Amerikaners Seymour Cray vor über 20 Jahren zur Welt kam, steht heute als Superhirn 1/S 1000 in einem streng abgeschirmten Gebäude, irgendwo auf dem weiten Areal von Opel-Town. Wo genau, wissen nur wenige der 8000 Mann starken Ingenieurs-Crew – eine Vorsichtsmaßnahme gegen etwaige Terroranschläge auf das 18 Millionen Mark teure Elektronenhirn.

Ein solcher ist freilich nicht auszuschließen, denn was liegt für skrupellose RAF-Terroristen näher, als ausgerechnet die Opel-Embryonen-Kreationen des nächsten Jahrzehnts mit ein bißchen Dynamit abzutreiben? Die popelige Bürgerschaft dieses unseres Landes müßte die Schwangerschaftsunterbrechung im Cray – auch männliche Computer können Autos zu Bildschirm bringen – hinnehmen und auf neue Opel-Modelle bis auf weiteres verzichten. Zehntausende bundesdeutsche Familien würden so gezwungen, sich bis weit übers Jahr 2000 hinaus in den Veteranen Omega und Vectra fortzubewegen. Viel besser könnte sich die RAF an Opel-fahrenden Arbeitern und Angestellten, die ihre Ziele partout nicht gutheißen wollen, nicht rächen.

KATY (Mio.-fach gebrauchtes »Bild«-Kürzel für »Katalysator«).

Frühjahr 1989. Bilder voller Romantik und Poesie in einem Werbespot zur Opel-Katalysator-Offensive:

Rein und kristallklar sprudelt
der Wildbach schnell dahin.
Majestätisch schwingt der Adler
sich empor
in schadstoffarme
Lüfte.
Aus Lust am Röhren läßt
der edle Hirsch
sein stolzes »Tröööt!« erschallen.
's ist Katy-Zeit in deutschen Landen!

Ach, seit Opel mit viel Trara die serienmäßige Ausstattung all seiner Benzinmodelle mit geregeltem Dreiwege-Katalysator bekanntgab, ist das Waldsterben für uns gestorben, wird uns der saure Regen versüßt, pfeift das Ozonloch aus dem letzten solchen. Jedem Opel sein Kat – serienmäßig. »What a wonderful world« ...

Daß »entscheidend ist, was hinten rauskommt«, ist spätestens seit dem überlieferungswürdigen Sinnspruch von Kanzler Kohl bekannt. Aber jetzt, da uns aus dem Auspuff eines jeden Benziner-Opels nurmehr das Verwöhn-Aroma reinsten Sauerstoffs entgegenduftet, erquickend für Flora und Fauna, ist das Ziel erreicht, sind wir – noch einmal Helmut Kohl – »mit der Umwelt fertig« geworden. Doch leider, leider, es darf nicht sein: Die kitschige Opel-Pastorale ist ebenso Illusion wie die Vorstellung, Opel sei der erste deutsche Hersteller, der mit gutem Kat-Beispiel voranfährt. Haben diesen Schritt etwa nicht BMW und Mercedes-Benz bereits ein bzw. zwei Jahre früher gewagt? Um den Wiederverkaufswert ihrer PS-starken Autos zu steigern (oder etwa doch, um mit zur Reduzierung der Schadstoff-Emissionen beizutragen?), bekamen die sportlich-exklusiven Wagen dieser beiden Hersteller schon eine Abgasreinigungsanlage unter die Fahrzeugbäuche gehängt, als Opel lediglich 28 nur schwach entgiftete Euronorm-Varianten vom Kadett im Programm hatte. Und wenn sie nicht gestorben sind, so können Fisch und Vogel und Hirsch das bezeugen.

(Übrigens, bei aller Liebe zur Umwelt – ein Hintertürchen hat Opel sich offengehalten: Auf ausdrücklichen Kundenwunsch liefert der freundliche Opel-Händler nach wie vor unentgiftete Corsa, Kadett, Vectra und Omega. Aber nur, weil die Versorgungslage mit bleifreiem Benzin »im Ostblock immer noch angespannt« ist – ach so.)

Die Buchstaben **ADAC** bilden zwar kein Wort, sondern nur eine Abkürzung. Trotzdem stehen sie als negative Form eines typischen Opel-Four-Letter-Words.

Verkehrte Welt: Opel, gewöhnlich dankbar für jede Form von Auszeichnung, zürnt dem Allgemeinen Deutschen Automobil-Club – ausgerechnet wegen eines Lobes. Hintergrund: Die ADAC-»Pannenstatistik 1988« bestätigte voll und ganz Opels selbstverliehenen Beinamen »der Zuverlässige« – allerdings etwas anders, als die Opel-Manager es sich vorgestellt hatten. Als zuverlässig *un*zuverlässig erachtete die Straßenwacht des Clubs nämlich folgende Opel-Modelle:

Corsa – Störungen an der Motorelektrik und vereiste Vergaser »bereits im ersten Jahr«. Vergaserpannen waren die häufigste Ausfallursache.

Kadett (Benziner) – »recht häufig« gerissene Zahnriemen, defekte Thermoschalter, lockere Kabelstecker, abgerissene Anlasserkabel und undichte Öldruckschalter stellen dem Golf-Konkurrenten »kein gutes Zeugnis aus«.

Kadett (Diesel) – »noch unzuverlässiger« durch gebrochene Massebänder, verstopfte Kraftstoffilter, undichte Kraftstoffleitungen, verschlissene Keilriemen und defekte Lichtmaschinen. Rutschte deshalb »ans Ende der Tabelle«.

Ascona – die gleichen Mängel wie beim Kadett: »Besonders zuverlässig war der Ascona nicht.«

Omega – ausgerüstet mit einer »äußerst störanfälligen« Zündanlage, »Motorpannen waren keine Seltenheit«, »viele Besitzer blieben mit gerissenen Zahnriemen und abgerutschten Kabeln liegen.«

Als erste Reaktion auf die harsche Kritik an den Erfindern des Eleven-Letter-Words »zuverlässig« gründete Opel kurzum seinen eigenen Club, den Kadett- und Omega Caravan Club. Eindeutig auf den ADAC gemünzt heißt es in einer Produktanzeige:

»Die Wahl eines Clubs will reiflich überlegt sein. Wer will sich schon festlegen lassen auf einen reinen Sportclub oder einen rein repräsentativen Club? Und selbstverständlich gibt es auch ein Clubabzeichen.«

Nun können sie lange drauf warten, die nörgelnden ADAC-Mannen, daß ihnen der Opel-Vorstandsvorsitzende Louis R. Hughes einen Mitgliedsantrag macht. Als selbstbewußten Amerikaner schert ihn ohnehin herzlich wenig, was eine versoffene australische Hardrockband über die Autos seiner Marke denkt. Sollen die Känguruhs doch auf dem Highway zur Hölle fahren!

Über **GELD** sprach man lange Zeit nicht bei Opel – man hatte einfach keines. Zwar produzierte Opel zwischen 1980 und 1986 weniger Autos als in den Siebzigern, dafür aber auch fast zwei Milliarden Mark Verlust. Nicht nur die Konzernzentrale im fernen Detroit fing ob der roten Zahlen zu rotieren an: Blitzschnell drehte sich in den sieben mageren Opel-Jahren bei der deutschen General Motors-Niederlassung das Besetzungskarussell. Vier Spitzenmanager gaben sich während dieser Zeit in Rüsselsheim die Klinke in die Hand, und in seiner Verzweiflung ließ Detroit sogar vorübergehend mal zwei Deutsche (Ferdinand Beickler, Horst W. Herke) ans Ruder: »Gentlemen, wir werden unser Bestes tun!« Zwei Deutsche, ein Wort. Dennoch spricht heute, die Kasse stimmt inzwischen wieder, wie gehabt ein Bürger der Vereinigten Staaten das letzte Wort im Verwaltungsbau: Vorübergehend heißt eben nur vorübergehend.

Was Opel für VW, ist **FORD** für Opel: ein Mitbewerber, dem man, was die Absatzzahlen betrifft, haushoch überlegen ist. Mit unbestechlicher Objektivität liefert die Zulassungsstatistik* den Beweis für diese Behauptung: Verkaufte Opel im März 1989 vom »frechen und spritzigen« Corsa 4 700 Stück, so konnte FORD sein Konkurrenzmodell Fiesta nur 4 394mal absetzen. Exakt 53 260 Autokäufer machten sich im ersten Vierteljahr 1989 mit dem »Kadett der neunziger Jahre« auf und davon ins nächste Jahrzehnt, während FORDs Gegenstück, der Escort, gerade auf schlappe 23 251 Einheiten kam und wie tempolimitiert im Hier und Heute verharrte. Den Vectra konnten die freundlichen Opel-Händler im selben Zeitraum 27 761 freudestrahlenden Kunden vor die Haustür stellen, wohingegen die FORD-Händlerschaft angesichts nur 18 032 losgeschlagener Sierra bittere Tränen der Enttäuschung weinte. Noch deutlicher wird Opels Vorsprung in der gehobenen Mittelklasse: 17 747fachen Besitzerstolz brachte der Omega im ersten Quartal ’89 in die schmucken Garagen bundesdeutscher Reihen- und Doppelhäuser, doch nur 5 686 Exemplare des Scorpio bekamen einen Laternen-Parkplatz zugewiesen.

Soweit die unbestechliche Statistik.

Dank der Existenz von FORD ist es dem Opel-Vorstand möglich, sich von Zeit zu Zeit ähnlich überlegen zu fühlen wie die Kollegen bei VW, wenn sie ihre eigenen Absatzzahlen mit denen des ewig Zweiten – Opel – vergleichen. Doch bitte, liebe Opel-Freunde, haben Sie Verständnis dafür, daß hier nicht ausführlicher auf die Erfolge der Wolfsburger eingegangen werden kann: »Volkswagen« ist schließlich ein Ten-Letter-Word.

---

* Quelle: Kraftfahrt-Bundesamt, Neuzulassungen im Bundesgebiet

DAS GEHEIMNIS VON SAGINAW

Mitternacht war längst vorüber, als Finnegan sich über den morastigen Boden des Waldes einen Weg hinauf zum Schloß bahnte. Zunächst hatte sich der junge Inspektor noch über die Panne – oder war es Sabotage? – an seinem sonst so zuverlässigen Omega »Charlton« geärgert. Nun aber schien ihm der sternenlose schwarze Himmel im Verein mit dem dichten Novembernebel – beide machten ihn praktisch unsichtbar – der geeignetere Verbündete für sein Vorhaben als das unüberhörbare Brummen des Vierzylinders, das den Bewohnern von Saginaw sein Nahen bestimmt verraten haben würde. Selbst wenn Cedric, der verwachsene Butler des Grafen, seinem Herrn in dieser Nacht erneut Kundschafterdienste leistete, durfte Finnegan darauf hoffen, wenn überhaupt, so doch erst in letzter Minute bemerkt zu werden.

Oh, diesmal würde die Überraschung auf seiner, Finnegans, Seite sein, und er wußte nur zu genau, wie entscheidend dies Element für das Gelingen

seines gewagten Planes war. Zwar überschritt Finnegan mit dieser Aktion bei weitem die Kompetenzen, die Scotland Yard seinen Beamten normalerweise einräumt. Doch um Schurken wie dem gewissenlosen Grafen und seinen Helfershelfern auf die Schliche zu kommen und ihnen das Handwerk zu legen, schien es ihm erforderlich, die Dienstvorschriften in diesem Fall etwas freier zu interpretieren. Außerdem stand das Leben eines Menschen, das der jungen Waise Thelma, auf dem Spiel.

Seit heute morgen war sie wie vom Erdboden verschluckt. Hatte man sie zuletzt nicht in der Nähe des alten Saginaw-Gemäuers gesehen? Am Ende hatte der wahnsinnige Graf auch sie in seine Gewalt gebracht und sie... – Finnegan mußte sich zwingen,nicht an diese Möglichkeit zu denken. Zu sehr hatte er das Mädchen – und auch in diesem Punkt kollidierte er mit den Dienstvorschriften – ins Herz geschlossen; sie, die Finnegan erst vor ein paar Tagen kennengelernt hatte, als er mit dem Auftrag des Yards, eine mysteriöse Mordserie aufzuklären, in die Grafschaft Saginaw gekommen war; sie, die anscheinend als einzige weit und breit Bescheid über die Vorgänge in und um Saginaw wußte – oder wissen wollte. »Thelma ist in Gefahr« rief Finnegans innere Stimme. Thelma. Immer wieder sie.

Unvermittelt hielt Finnegan inne. Auf den letzten Metern war die Sicht so schlecht geworden, daß er beinahe gegen die Mauern, die plötzlich vor ihm aus der Dunkelheit aufragten, gelaufen wäre. Nun also war die Stunde der Entscheidung gekommen: Vor ihm lag, unheilschwanger und gespenstisch, das Ziel seiner Expedition – Castle Saginaw, die geheimnisvolle Festung...

Halt, Ende der Krimistunde – bei dem Geheimnis von Saginaw handelt es sich nicht um eine Abenteuergeschichte. Vielmehr steht dieser Name für ein zwar unscheinbares, aber enorm praktisches Fahrzeugzubehör: Das TWS*-Aktivlenkrad ist »das Lenkrad, das sich auf Sie einstellt« – behauptet sein Hersteller, die GM-Tochter Saginaw.

In der Tat, dieses Lenkrad ist etwas ganz Besonderes.Im Gegensatz zu den Passivlenkrädern anderer Hersteller, mit denen man allenfalls ein Auto dirigieren kann, leistet Saginaws Wunderlenker Ungewöhnliches. Da ist zunächst einmal seine unvergleichliche Flexibilität: fünffach, jeweils um fünf Grad, ist es verstellbar. Zweifellos eine technische Sensation, so ein verstellbares Lenkrad!

Es arbeitet »rein mechanisch und braucht keinerlei Wartung«. Das wiederum spart seinem Besitzer Geld, denn wie man weiß, muß ein Volant her-

* Tilt Wheel Steering

kömmlicher Bauart alle 10 000 km zum Inspektionsservice, während bei einem Steuer von Saginaw der lästige Lenkrad-Ölwechsel entfallen kann.

Diese und andere gewichtige Vorzüge veranlassen Saginaw, von Zeit zu Zeit und in angemessener Weise die Werbetrommel für dieses Meisterwerk moderner Ingenieurskunst zu rühren. Etwa in Form doppelseitiger Anzeigen im Nachrichtenmagazin »Der Spiegel«, in dem Inserate dieser Größe nicht mehr als ein gut ausstaffierter Omega-Kombi kosten.

»Eine Probefahrt mit dieser Anzeige«, verspricht eine Saginaw-Produktanzeige, »und Sie werden Ihr Lenkrad wechseln.« Abgebildet ist das berühmte Aktivlenkrad; links und rechts zeigen gestrichelte Linien, wo der Leser seine Hände auflegen soll.

»Packen Sie das Lenkrad kräftig, und bewegen Sie die Seite nach oben und nach unten.« Alsdenn: Neugierige »Spiegel«-Leser tun, wie ihnen geheißen: Vor den Augen ihrer erstaunten Mitmenschen packen zehntausende Manager, Politiker und Geschäftsleute ihr Heft und bewegen es nach oben und nach unten, um Lenkrad und Anzeige ausführlich probezufahren.

Wieder zum Stillstand gekommen, erfahren sie, daß Manöver wie dieses »das Lenken entscheidend sicherer« machen, und zur Standardausrüstung auch die« patentierte energieabsorbierende Lenksäule von Saginaw« gehört; ein Vorteil, den »nicht nur Sie haben, sondern jeder, der Ihr Auto fährt«. Etwa auch kriminelles Gelichter, das dem Auto ans Aktivlenkrad will? Angesichts seiner sprichwörtlichen Attraktivität steht das durchaus zu befürchten.

Erst als die Anzeige auf die Bezugsquelle zu sprechen kommt, zerplatzt der Traum von so manchem, der sich im Geiste schon einen stolzen Saginaw-Steuermann wähnte: »Fragen Sie den nächsten Opel-Händler.« Da staunt der »Spiegel«-Leser, und der Nicht-Opel-Fahrer wundert sich: Ja, wieso soll ich denn den Opel-Händler nach dem Aktivlenkrad für meinen Daimler fragen? Ganz einfach – aktiv gelenkt wird ausschließlich in Opel-Fahrzeugen, in neuen, wohlgemerkt, und selbst da nicht in jedem beliebigen Modell.

Das also ist das Geheimnis von Saginaw: Das TWS-Aktivlenkrad ist für alle da; für alle, die einen *Opel* fahren! Wer also sein Lenkrad wechseln will, muß leider auch von dem daran befestigten Auto Abschied nehmen.

Trotz dieser Einschränkung sind die Argumente für das Aktivlenkrad – verstellbar, wartungsfrei, auch auf dem Papier zu bedienen – derart überzeugend, daß Mercedes-Fahrer (und andere) mit fliegenden Fahnen zu Opel/Saginaw überlaufen werden. Vor allem weibliche, emanzipierte Kunden hat man bei Saginaw im Visier: Mit Genugtuung vernimmt gerade diese Zielgruppe die frohe Botschaft, daß das TWS-Aktivlenkrad im Grunde seines kunststoffumschäumten Stahlkranz-Wesens eigentlich ein ideales matriarchalisches Werkzeug ist. In einem speziellen »Positions-Führer« empfiehlt nämlich der Hersteller diverse Einstellungen, die geeignet sind, gewisse weibliche Grundbedürfnisse unkompliziert zu befriedigen:

»+10 ° Oberste Position: Ein- und Aussteigen, Parken, Schwangerschaft« – in dieser Reihenfolge, bitteschön.

Triumph der Technik: In Zukunft kann zum Zwecke der Befruchtung auf die Mitwirkung des Mannes gänzlich verzichtet werden. Sogar das Sparguthaben auf der Samenbank bleibt unangetastet. Frau muß lediglich die Saginaw'sche Anleitung zum Glücklichsein befolgen, ihr sinnlich geformtes Aktivlenkrad in die richtige Stellung rücken, einmal aus- und einsteigen und dann parken – schon ist vollbracht, wofür früher ganze Kerle nötig waren. Wie behauptet doch Saginaw in der »Spiegel«-Anzeige: »Kaum ein anderes Extra macht ein Auto so flexibel.« Sehr wahr!

STRENG GEHEIM: OPEL'S PROGRAMM ZUR IMAGE-AUFWERTUNG

Vielfältig sind die Bestrebungen des Hauses Opel, sich nach und nach vom sattsam bekannten Hut- und Hosenträger-Image freizumachen und der Kundschaft eine neue, attraktivere Vorstellung von der Marke mit dem Blitz zu vermitteln. Umso mehr freut sich der Autor, dem Leser diesbezüglich ein Lehrstück für angewandten Enthüllungs-Journalismus bieten zu können: Unter geradezu abenteuerlichen Umständen wurde ihm ein Geheimpapier der Opel-Werbeagentur (Lowe, Lürzer/Frankfurt) zugespielt. Der Inhalt dieses Dokuments ist hochbrisant. Sollten die darin enthaltenen »Vorschläge zur nachhaltigen Aufwertung des Firmen- und Produkt-Images von Opel« wirklich in die Tat umgesetzt werden, muß sich die Konkurrenz warm, sehr warm anziehen – Opel trumpft auf! Hier die geplanten Maßnahmen im Detail . . .

Die Öffentlichkeit soll Opel-Produkten in Zukunft einen deutlich höheren Stellenwert beimessen. Um binnen kurzem das Wertgefühl beim Kunden nachhaltig zu steigern, erscheint es notwendig, die kurzfristige Verfügbarkeit der Fahrzeuge einzuschränken. Vielmehr wird für sämtliche Modelle die Einführung von entsprechenden ***Lieferfristen*** *angeregt. Opel-Kunden sollen auf ihren Neuen mit quälender Ungeduld warten, wodurch die emotionale Bindung Auto/Besitzer erheblich verstärkt wird.(Unverbindlich empfohlene Wartezeit: mindestens sechs Monate.)*

Desgleichen sind die ***Fahrzeugpreise*** *den landläufigen Kundenvorstellungen eines wertvollen, sprich: teuren Autos in geeigneter Weise anzupassen. Statt wie bisher drei Preislisten pro Jahr, sollten in Zukunft deren fünf und mehr erscheinen, wobei jede Preisangleichung wenigstens plus drei Prozent betragen sollte. Diese Maßnahme verhilft übers Jahr jedem Opel zu einer etwa 12prozentigen Wertsteigerung.*

Die Pflege des traditionsreichen ***Markenzeichens*** *darf nicht länger vernachlässigt werden. Auch bei Nicht-Opel-Kunden muß der Opel-Blitz ähnlich hef-*

tige Mitnahmegelüste auslösen, wie man sie vom Mercedes-Stern kennt. Zu diesem Zweck erscheint die Ausarbeitung einer großanlegten Nacht- und Nebel-Aktion sinnvoll, im Rahmen derer bundesweit die Blitz-Signets von etwa 100 000 Opel-Fahrzeugen werkseitig eingezogen werden. Opel-Besitzern wird so die Symbolkraft des Markenzeichens blitzartig ins Bewußtsein gerufen.

Um vom positiven Image erfolgreicher ***Mitbewerber*** *wie Volkswagen oder Mercedes-Benz zu partizipieren, könnte Opel in Wolfsburg bzw. Sindelfingen Zweigwerke ansiedeln. Künftige Produktanzeigen würden dann mit gezielten Hinweisen auf die renommierten Standorte versehen, die in weiten Teilen der Bevölkerung so große Sympathie genießen. Beispiel: »Der neue Kadett – made in Germany, made in Wolfsburg!«*

Bereits in der Kleinwagen-Klasse muß Opel seinen Anspruch als führender Hersteller sportlicher Autos immer wieder unmißverständlich unter Beweis stellen. Für den unter dem Motto »frech und spritzig« bestens am Markt positionierten ***Corsa GSI*** *kann das nur eine noch leistungsfähigere Motorisierung bedeuten: Ausgerüstet mit dem 360-PS-Biturbo-Sechszylinder des Lotus Omega (senkrecht-vertikal eingebaut) sowie einer blutfarbenen Mineral-Aha-Effekt-Lackierung hätte ein Lotus Corsa Infernale das Zeug zum schnellsten in Serie gebauten Mini der Welt. Vielleicht fände diese Version auch als definitiver Red-Porsche-Killer Eingang in die allseits beliebten »Werner«-Comics: »Lotus Corsa – abnormal, ja!«*

Die Einführung der fünften ***Kadett****-Generation muß genutzt werden, um auch in der unteren Mittelklasse mittels eines Cunstwortes ein neues, unbelastetes Image zu schaffen. Unser äußerst creativer Junior Script Director – ein echter Cönner seines Fachs – regt eine Symbiose aus »Kadett« und einer cleinen Anleihe bei »Vectra« an, was zusammen die colossale Wortschöpfung »Cadetra« ergibt, ein international leicht aussprechbarer Name. Weiterer Vorteil: Der beträchtliche Wiedererkennungswert des ursprünglichen Produktnamens bliebe – zumindest ansatzweise – erhalten. Das Publikum kann den »Cadetra« schon rein akustisch sofort als Angehörigen der complett runderneuerten Opel-Familie identifizieren. (An einer entsprechenden Evolution des Namens »Opel« wird zur Zeit noch gearbeitet.)*

Mit ABS, Allrad-Antrieb und dem bärenstarken 16-Ventil-Motor verfügt der ***Vectra 2000*** *über bedeutende Anlagen zum Roadrunner. Das Spitzenmodell der Opel-Mittelklasse ist sozusagen auf die linke Autobahnspur abon-*

niert. Diesen wesentlichen Produktvorteil gilt es durch eine geringfügige Modifikation des Produktnamens stärker zu betonen: Behutsam abgewandelt, wird der doch etwas assoziationsarme Begriff »Vectra« zu »Wegda«, was uns viel besser zum imperativen Charakter dieses Wagens zu passen scheint.

Die bisher geübte Zurückhaltung von Opel in Sachen Product-Placement muß ein Ende haben. Für eine effektvolle Präsentation des neuen Sportwagens **Calibra** *zum Beispiel wäre ein spektakulärer Auftritt im nächsten James Bond-Film genau das Richtige, um potentielle Kunden aus dem Geheimdienst-Milieu dafür zu interessieren. Die Werbe-Botschaft, kurz umrissen: Weil »OO7« Thimothy Dalton einen pfeilschnellen Calibra mit Katalysator, Sportstreifen und elektrisch ausfahrbarem »Fuck you«-Finger pilotiert, gelingt es ihm immer wieder, dem Schurken Golf-Finger eins auszuwischen und, wie gewohnt, nebenbei die Welt vor dem Shredder zu bewahren.*

Der Opel **Senator** *soll endlich auch von den Verkaufszahlen her den Aufstieg in die Oberklasse schaffen. Verstärkt müssen daher Entscheidungsträger und führende Manager der Wirtschaft angesprochen werden. Denn wenn diese finanzkräftige Klientel den Senator schon nicht für viel Geld haben will, nimmt sie ihn vielleicht als kostenlose Dreingabe: Eventuell könnte man das angesehene Wirtschaftsmagazin »Capital« dafür gewinnen, Neuabonnenten mit je einem Senator CD in Vollausstattung willkommen zu heißen. Außerdem müßte der Senator über einen längeren Zeitraum hinweg das meistgeklaute Auto in der Bundesrepublik* sein. Umgespritzt und mit neuen Fahrgestellnummern versehen, würden die Fahrzeuge kurz darauf im Ausland wieder auftauchen. Die bestohlenen Senator-Fahrer (und ihre Bekannten!) werden denken: Ein Auto, für das sich sogar die Unterwelt interessiert, m u ß gut sein.*

* In einer von der Zeitschrift »Auto-Bild« aufgestellten Hitliste der meistgeklauten Typen in der Bundesrepublik rangiert Opel mit 1 797 abhanden gekommenen Fahrzeugen auf dem dritten Platz, wird jedoch von Mercedes-Benz (2 625) übertroffen. Spitzenreiter ist VW mit 4 758 gestohlenen Fahrzeugen (Jahreszahlen 1988).

OPEL – EIN BLICK IN DIE ZUKUNFT

Nun haben wir – gemein, lustig, lebensnah – Vergangenheit und Gegenwart der Adam Opel AG kennengelernt. Aber wie geht's weiter mit Opel? Wie sieht die Zukunft der Nummer zwei unter den bundesdeutschen Automobilherstellern aus, die so gerne den Sprung auf den 1. Platz (wo derzeit noch VW thront) schaffen möchte? Werfen wir mal einen tiefen Blick ins Goldfischglas...

Da sehen wir, daß die neunziger Jahre bei Opel ganz im Zeichen der allgemeinen technischen Hochrüstung stehen. Zwar bleiben die Opel-Karosserien – trotz weiterer Optimierung im Windkanal – bieder wie eh' und je, doch viele PS bringen Opel auch viel Publicity – leider nicht immer eine besonders gute.

Der Opel-»Fortschritt« spielt sich nämlich weitgehend unterm Blech ab: Motoren mit 16 und 24 Ventilen, Biturbo-aufgeladene Vier- und Sechszylinder, ja sogar ein Acht- beziehungsweise Zehnzylinder – soviel PS-Geprotze sorgt für Aufsehen, und mit Verkaufsbeginn der nächsten Kadett-Generation, die ebenfalls einen Kunstnamen mit Endung auf »a« tragen wird, ist der Allrad-Antrieb des Vectra auch für die Kompaktklasse erhältlich.

Allerdings läßt der massive Einsatz hochwertiger Technik die heute schon nicht mehr billig zu nennenden Opel-Fahrzeuge noch ein ganzes Stück teurer werden. Publikum und Fachleute stellen denn auch besorgt die Frage, ob der High-Tech-Wahn des offensichtlich etwas profilneurotischen Unternehmens nicht auf Kosten der Käufer geht: Wer soll das bezahlen, wer hat soviel Geld? Familie Normalverbraucher, bislang Opels Hauptklientel, bestimmt nicht.

Auch Haustuner Irmscher geht der Zeitgeist schon bald mächtig auf den Geist: Er wird (vorübergehend) arbeitslos, weil sich die Opel-Designer mächtig ins Zeug legen, um ihren Autos Spoiler, Schürzen und Schweller künftig schon im eigenen Hause (und auf eigene Rechnung) anzukleben – Tuning, Tuning über alles. Nur Schicki & Micki schwadronieren am Tresen ihrer Szene-Kneipe bei Schampus und Kir Royal vom 100 000 Mark teuren Lotus Omega (hieß der nicht mal Opel Omega?), vom putzigen Corsa mit klotzigem Sechszylinder-Motor und vom Allrad-4 x 4 Kadett: »Der fährt sogar auf Milch!«

Bis zur Einführung des EG-weiten Tempolimits (130 km/h im Jahre 1993) wird es dauern, ehe man bei Opel einsieht, daß ein Mittelklassewagen-Hersteller sein Heil auf anderen Gebieten zu suchen hat. Erst dem hauseigenen, noch einzurichtenden »Department for Innovation and Creative Ideas«, kurz DICI, wird es gelingen, den Opel-Kunden (und -Managern!) eine neue, überzeugendere Vorstellung von Opel und seinen Produkten zu vermitteln: *Modern* sollen die Autos mit dem Blitz auch in Zukunft bleiben, ebenso *umweltfreundlich* und *sicher* (Airbag, Gurtstraffer und ABS werden gegen Ende des nächsten Jahrzehnts sicher zur Grundausstattung aller Opel-Fahrzeuge gehören), aber vor allem eines: *erschwinglich*.

Oh, wie schade – an dieser Stelle trübt sich unser Goldfischglas, so daß einige Fragen offenbleiben:

Wird es Opel gelingen, die Preisschraube – bei unveränderter Qualität – wieder auf ein vertretbares Maß zurückzudrehen und damit der Konkurrenz in Wolfsburg wirklich einmal eine Wagenlänge voraus zu sein?

Welche Automarke werden notorische Hut- und Hosenträger-Fans zur Jahrhundertwende als ihr Lieblingsfabrikat bezeichnen: Opel oder . . . ?*

Und wird es Frauen bis zu diesem Zeitpunkt gestattet sein, endlich auch *auf* dem Fahrersitz eines Opel Platz zu nehmen (zumindest im Prospekt), wenn schon die Sessel des Opel-Vorstandes ausschließlich von Männern besetzt sind?

Antwort auf all diese Fragen demnächst bei Ihrem immer (und wohl auch noch in hundert Jahren) *freundlichen* Opel-Händler!

---

* Zur Auswahl stehen: VW, Audi, Ford. Mercedes? BMW? Porsche?